職場不是自助餐，哪能只挑你要的？

「葳老闆」周品均的30道職場辣雞湯

周品均　著

PART I

給正要開啟職涯的你

contents

PART II 給正在累積戰力的你

contents

PART III

給成為資深前輩的你

PART I

給正要開啟職涯的你

01 想要上道，你得先出道！

要怎麼找到適合的工作？興趣到底能不能當飯吃？要找擅長的工作，還是喜歡的工作……？這些幾乎是我每天都會被問到的問題，即將畢業的大學生想知道，剛進職場的新鮮人想知道，猶豫要不要轉換跑道的人也想知道。

如果你很清楚自己想做什麼，事情就比較單純：先往你想要的地方前進，從事之後發現自己確實很適合，就繼續努力往上爬；如果發現和你原本想的有落差，就換其他公司或其他行業繼續嘗試。

如果不知道自己適合什麼，怎麼辦呢？

那你就必須踏上「探索自我」的道路囉！各種常見的行業都先去嘗試看看吧！例如先去試試看業務員的工作？也許你會發現業務員整天在外面跑來跑去，還得常常被客戶拒絕，薪水不穩定，又有很大的業績壓力，而覺得這不是你想要的工作？這時候，你應該歸納出自己不喜歡當業務員的原因，然後找出相應的調整方式：

不喜歡整天在外奔波↓找待辦公室的內勤工作
不喜歡應對客戶↓找不必面對客戶的職務
不喜歡薪水不穩定↓找領固定薪水的工作
不喜歡業績壓力太大↓找不看業績表現的工作

像上面這樣，列出這份工作你不喜歡的部分，再去做適合的調整，事情才能往你想要的方向去喔！於是，你可能會決定去應徵行政助理的工作，坐辦公室、有冷氣吹、沒有業績壓力、穩定領月薪。這樣才是有自我探索、有在思考，有在找「適合自己」的工作。為何卻有很多人，會在這條探索自我的道路上鬼打牆呢？

◇有方向的探索才會真正前進，沒方向最後只會繞回原點！

有些人明明知道業務員的工作不適合自己，決定換工作，但卻跑去應徵另一家公司的業務員，以為換個環境就會比較好。結果新公司的主管更難搞，工作起來壓力更大，讓你過得更不開心，你就更茫然、更不知道該何去何從。拜託，你根本沒有針對工作的痛點對症下藥，根本沒有改變工作性質，怎麼能期望事情有什麼改變呢？

如果真的不知道自己想做什麼，就什麼都去試試看，不要只是站在原地空想。很多大學生念到快畢業，才發現讀的科系好像不適合自己，卻不知道哪個方向才是對的，想趁實習接觸產業實務，又發現自己的表現只有中等程度，開始懷疑自己不夠優秀，迷惘著不知道該如何抉擇。

其實，誰年輕的時候不迷惘呢？很多人到中年還在迷惘呢！問題是，不要因為迷惘就停下來，不要因為迷惘就不敢做選擇。不去嘗試，怎麼知道自己適合什麼呢？一定要真正實際做過了，才知道「原來我不適合這個」、「原來我不擅長那個」。

什麼都去試試看，不適合就轉換，持續探索自我、了解自己的擅長與喜好。你一定會理出一些心得，漸漸知道自己要什麼，就算花上三、五年也沒關係，總比一輩子都搞不清楚好吧！

有人會說，可是如果真的這樣四處探索，公司一看到自己的履歷，兩年內換了三份工作、很多工作都只做了幾個月，會不會覺得這個人很沒有穩定性？就算錄取，也很容易幾個月就會閃人？的確有這個可能啊！但你要因為這樣，就不敢去探索自己的方向嗎？

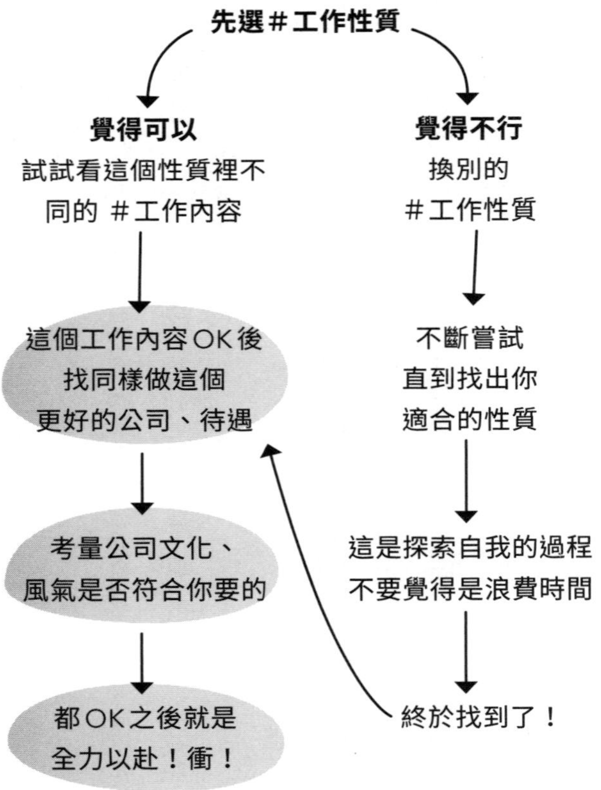
先選＃工作性質
覺得可以
試試看這個性質裡不同的 ＃工作內容
這個工作內容OK後
找同樣做這個
更好的公司、待遇
考量公司文化、
風氣是否符合你要的
都OK之後就是
全力以赴！衝！
覺得不行
換別的
＃工作性質
不斷嘗試
直到找出你
適合的性質
這是探索自我的過程
不要覺得是浪費時間
終於找到了！

明知道現在的工作不是自己想要的，卻因為不想換太多工作、怕公司有負面印象，就勉強自己硬做，硬做卻也無法做得出色，這樣不是更浪費人生？有些公司現在不敢錄取你，總比往後更多公司不想錄取你好吧！

如果你想當「行銷企劃」，當然不可能零經驗空降，你可以先找不需要經驗的「行政助理」，一邊學習你真正想做的行銷企劃，我常說的：「繞路比較近」，就是這個道理。沒方向就去找方向，沒專長就去培養專長。想要「上道」，你得先「出道」，然後不斷犯一些很丟臉的錯誤，有一天，你就會慢慢體會到「工作」是怎麼一回事。

不知道自己要什麼，什麼都不敢嘗試，一定要等「想清楚才要跨出第一步」的人，只會什麼也想不出來，於是什麼也沒做，人生只能繼續迷惘。想想，你身邊是不是有很多這樣的人？他們連開始都不願意，連第一步都跨不出去，總是為自己找一堆理由，哀怨自己年紀太大、抱怨很多公司都不用沒經驗的人。

◇要探索「興趣」所在，還是「擅長」所在？

至於探索應該探索什麼？要探索自己「有興趣」的領域，還是「做得好」的事情？首先一定要認清，「有興趣」和「擅長」是兩件事。

有些人想當服裝設計師，可是缺乏天賦，對布料沒想法、對版型不敏銳、對配色沒品味。有些人想出國當採購，可是缺乏談判能力、對成本沒概念，只是夢想能出國看時尚。有些人想當品牌公關，可是溝通能力不行、抓不到品牌風格，甚至和主管就處不好了，怎麼當公關？還有人想當ＣＥＯ特助，可是不夠注重細節、處事雜亂無章、對外溝通拿捏不好分寸、很多事情喬不來、甚至得罪人。

很多女生都喜歡時尚產業，但能靠時尚產業吃飯的有多少？所謂「擅長」，是你必須做到「有人願意付錢請你做的程度」，不然只能算是私底下的娛樂而已。除非你拿得出作品、做得出成績或具備相關證照，否則很難告訴別人：「因為我對色彩、流行、設計很有概念，所以應該給我這份工作。」

所以，從來都不是別人阻礙你去做什麼，而是「你的能力決定了你能做什麼」。如果你有能力，一定要努力爭取站上舞台，可是很多人是既沒有天分，後天又不夠努力，卻老是望著舞台想：「為什麼是他，不是我？為什麼不給我機會？我明明就很有興趣，為什麼不讓我做？」

對公司來說，實際的「產值」才是一切，其他的熱情、認真、興趣都是其次。你必須讓公司知道，你可以為他們做到某些具體的成果，而這個成果正好是公司需要的，這才是「產值」。

以公司的立場，會讓員工做他擅長的事，而不是他喜歡的事，畢竟不擅長可能會搞砸很多事情，你開心了，公司卻很頭痛。所以如果遇到願意給你練習機會的公司，真的非常幸運，也務必要把握難得的機會！

當然，要一直做自己不喜歡、甚至沒興趣的事，我知道很難。

十幾年來，我遇過不少員工離職的原因，都是去追求自己更喜歡的事情。

例如：本來是文書處理，但想去做行銷業務；本來是行政客服，但想去做品牌企劃。即便他們根本不擅長、即便他們要以此維生會很辛苦，但人都有追求夢想的自由，都會想去做自己嚮往的事情。我不可能告訴他「其實你的人格特質超不適合的」、「你要是適合，我早就讓你做這塊了」。

十年磨一劍，也許十年後他就擅長了，這屬於後天努力的部分，也許他只是現在不適合，以後未必不適合。

如果你遇到既喜歡又擅長的工作當然最棒！可能你本來就有天分，或者後天非常努力，所以你能做得開心，也能做得比別人出色。

但如果你沒有遇到這樣的工作，你有兩種選擇：一個是選擇擅長的、能賺最多錢的工作，空閒的時候再去投入興趣，有穩定的經濟，更能好好支持你的熱情。另一個是全心投入喜歡的事情，慢慢磨練，把它從純粹的喜歡變成真正的專業。怎麼選擇沒有標準答案，自己決定自己的人生吧！

職場辣雞湯／

迷惘不可怕，裹足不前才可怕！
找不到志向的人，先想想自己做了什麼？你真的盡力了嗎？

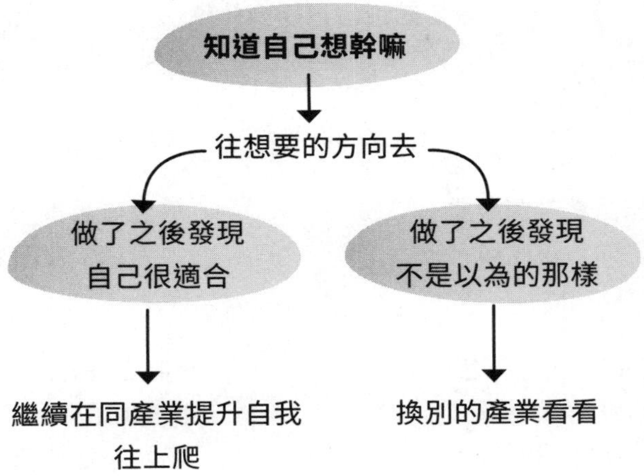
知道自己想幹嘛
往想要的方向去
做了之後發現
自己很適合
做了之後發現
不是以為的那樣
繼續在同產業提升自我
往上爬
換別的產業看看

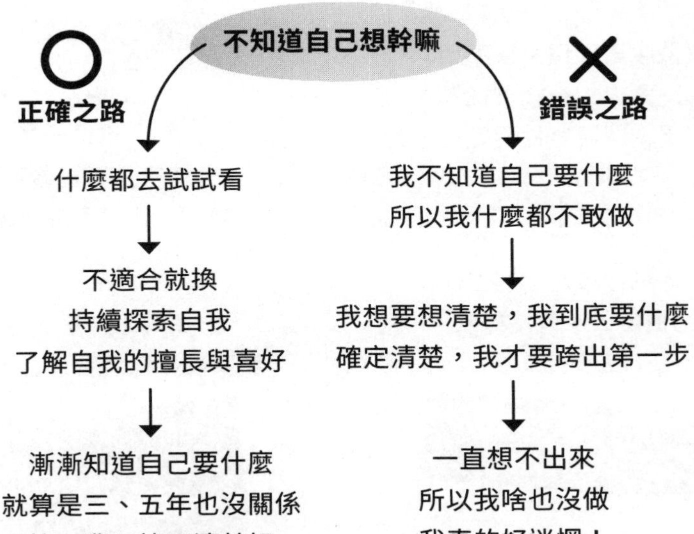
不知道自己想幹嘛
正確之路
錯誤之路
什麼都去試試看
不適合就換
持續探索自我
了解自我的擅長與喜好
漸漸知道自己要什麼
就算是三、五年也沒關係
比一輩子搞不清楚好
我不知道自己要什麼
所以我什麼都不敢做
我想要想清楚，我到底要什麼
確定清楚，我才要跨出第一步
一直想不出來
所以我啥也沒做
我真的好迷惘！

不知道自己適合什麼
探索自我之路

○ **正確之路**

先試試看某個產業
例如：業務員

↓

天呀！在外跑來跑去
常被拒絕有業績壓力
薪水不穩我無法！

↓

理出這些不喜歡的地方

不喜歡跑外面？→找辦公型
不喜歡應對客戶→找不用的
業績壓力太大→找不扛業績的
薪水不穩很苦→找固定薪水的

↓

嘗試行政助理的工作
穩穩辦公、有冷氣吹、
沒業績壓力

這才叫有在思考
有在找適合自己的

✕ **錯誤之路**

先試試看某個產業
例如：**業務員**

↓

天呀！在外跑來跑去
常被拒絕有業績壓力
薪水不穩我無法！

↓

換工作好了……
去另一個公司當**業務員**
會不會比較好

↓

靠，也是一樣
這裡主管更機車
換下一個公司的**業務員**

↓

媽呀！還是一樣
我真的不知道我適合什麼！

哈囉
你根本沒換工作性質
你是在瞎忙什麼

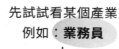

02 先選擇再努力！產業、公司、老闆，你挑對了嗎？

有粉絲問我，他從事傳統產業，對待工作超級認真，待遇卻不如預期。主管不看重他，每次加薪都沒他的份，工作變得很厭世，不懂為什麼社會這樣對他。我告訴他，因為你沒選對公司呀！不要厭世，公司和人生都是自己選的。

如果你也在同樣的處境，可以思考看看，自己的選擇是對的嗎？我認為，正確的求職順序是這樣的：

一、挑對「產業」：這個產業適合自己嗎？這個產業前景看好嗎？

二、挑對「公司」：這家公司適合我嗎？他們有什麼樣的企業文化？

三、挑對「老闆」：老闆是個什麼樣的人？我欣賞他的行事風格嗎？

挑對產業指的是，最好是一個持續成長中的產業，前景樂觀，你只需要順勢向前。總不要挑到一個黃昏產業，整個市場萎縮中，然後你才要逆風而行吧？

接著才是在好的產業裡挑公司，怎麼挑？擁有好的企業文化、優秀的人才、工作效率高，你進去才能學到一身功夫，才不會內耗在無謂的鬥爭裡。接下來，在好產業裡的好公司再挑對老闆！好的老闆、強的老闆，跟著他做事等於搭電梯，很容易就跟著公司發展往上衝！只要跟著他的方向，好好支持他，他也不會虧待你，最後才是靠自己的努力。

以上都選對了，你的付出才會有意義，這就是所謂飛黃騰達的路徑。

但是很多人忽略這個順序，那會變成怎麼樣呢？

一、挑錯「產業」：產業萎縮，市場不景氣，你再強也抗衡不了大環境。或者產業特性根本不適合自己，你肯定無法有出色表現，做得再累再辛苦也不會被肯定，何必呢？

二、挑錯「公司」：成長的產業裡也有爛公司，巧婦難為無米之炊，你再強也無力回天！或者公司很強，但是做事風格或企業文化不適合你，你待不下去也沒轍。

三、挑錯「老闆」：好產業、好公司裡也可能有爛老闆，在爛老闆手下做事，你根本沒有發揮空間，或者老闆雖然能力很強，但你們實在不合，也是白搭。

選錯這些會有多慘呢？挑到夕陽產業，市場萎縮，業績下滑，只能在夾縫中求生存，看不到前景，更別談薪水和職涯成長。挑到前途堪憂的公司，內部運作問題一堆，薪水福利都不好，而且競爭力和業績不斷衰退，甚至可能惡性倒閉。

挑錯老闆，學不到東西，被壓榨欺騙，被他搶功勞，背後被捅刀，整天跟他勾心鬥角，對專業一點幫助都沒有。以上沒選對，你再怎麼付出都是徒勞無功！

大部分明明很努力，收到的回報卻不成正比的人，都是因為他的大方向搞錯了，所以呈現出來的結果一定不對，但他自己可能沒有發現，以為自己明明很努力，為何總是白忙一場？

◇打仗之前，你要先選對戰場！

每個人的選擇不同，以我來說，我對我的能力有自信，我會選擇靠能力決勝負的地方，如果到了以年資取勝的單位，就不可能發揮我的優勢。但我也遇過一些員工，覺得要跟別人競爭很辛苦，評估累積年資比較輕鬆、待越久薪資福利就越好，所以決定去考公職。這沒有對錯，就看你自己想要什麼。

也有粉絲跟我分享，他念的是公費，一畢業就分發當老師，但進去之後發現公家機關不適合自己，薪水看年資、不注重能力、制度也不靈活，於是只待了一年，索性賠了公費，去美國念研究所，再回台灣創業，現在自己的公司年營收破千萬。所以，打仗之前，一定要先選擇適合自己的戰場！

很多人對工作充滿各種抱怨，抱怨大環境差，景氣不好，抱怨老闆擋他升遷、賺錢不會和員工分享，說自己做得再辛苦都沒用。但這個產業、這個公司、這個老闆其實都是你自己選的，怪不了別人。你從一開始就該認真做功課、小心做出選擇，如果真的不幸選錯，也要及時停損、勇於抽身，畢竟這是你的人生，沒有其他人需要為你的選擇負責。

選錯了大不了重選，但你留在原地不做改變，只是整天抱怨、覺得都是別人害你的，那才是最沒意義的事！

「要嘛忍，要嘛滾」，這句話在職場、感情、婚姻都適用。職場這條路，幾乎決定了你一生能賺多少錢，決定了你的生活品質，請記得！產業、公司、老闆，這三個沒選好，怎麼努力都是枉然！

認真選擇，是為了讓你的付出有回報，才不會覺得前景一片淒涼，覺得自己只能當厭世的社畜。選擇永遠比努力重要，但不是叫你不要努力喔！想想看台灣的護國神山——台積電，龍頭產業裡的龍頭公司，這種全球頂尖的企業，有嚴格的管理制度、超優秀的團隊、超高的行事標準，你覺得在裡面工作不用非常努力嗎？強者的世界，每分每秒都超級競爭，所以人家才能發二十個月的獎金啊！

也許這未必是你想要的上班環境，我只是想告訴你，不要羨慕別人，要讓自己的付出有回報，要靠你做對選擇，選好自己的路，你的努力才會有意義！

職場辣雞湯／

永遠不要「想改變」你現在討厭的工作，而是要「主動去選擇」你的職涯。要讓努力有意義，就要不斷做出對的選擇！

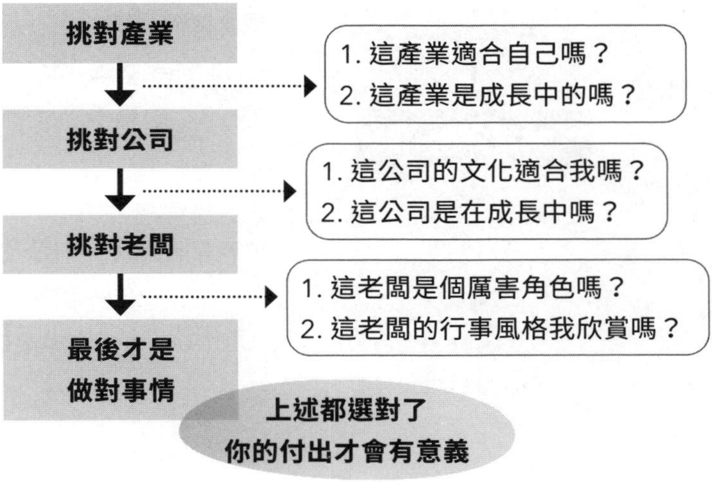
挑對產業
1. 這產業適合自己嗎？
2. 這產業是成長中的嗎？
挑對公司
1. 這公司的文化適合我嗎？
2. 這公司是在成長中嗎？
挑對老闆
1. 這老闆是個厲害角色嗎？
2. 這老闆的行事風格我欣賞嗎？
最後才是
做對事情
上述都選對了
你的付出才會有意義

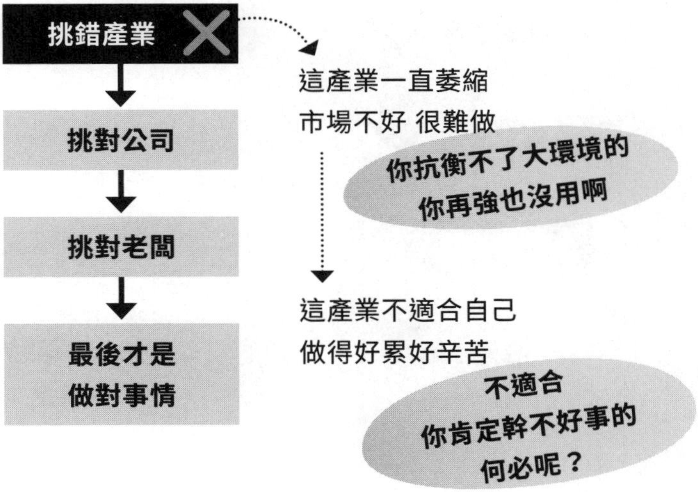
挑錯產業
挑對公司
挑對老闆
最後才是
做對事情
這產業一直萎縮
市場不好 很難做
你抗衡不了大環境的
你再強也沒用啊
這產業不適合自己
做得好累好辛苦
不適合
你肯定幹不好事的
何必呢？

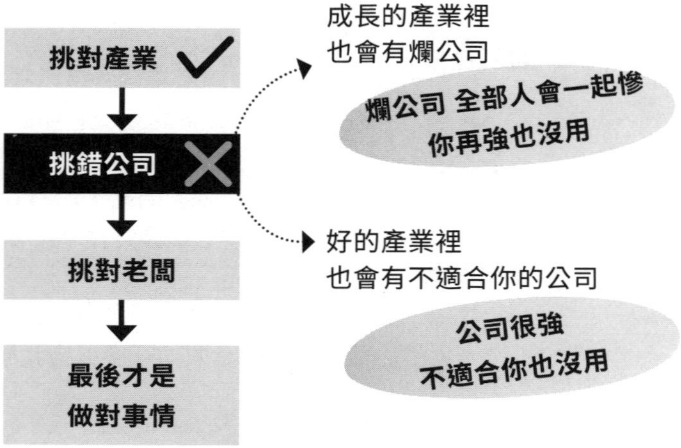
挑對產業
挑錯公司
挑對老闆
最後才是
做對事情
成長的產業裡
也會有爛公司
爛公司 全部人會一起慘
你再強也沒用
好的產業裡
也會有不適合你的公司
公司很強
不適合你也沒用

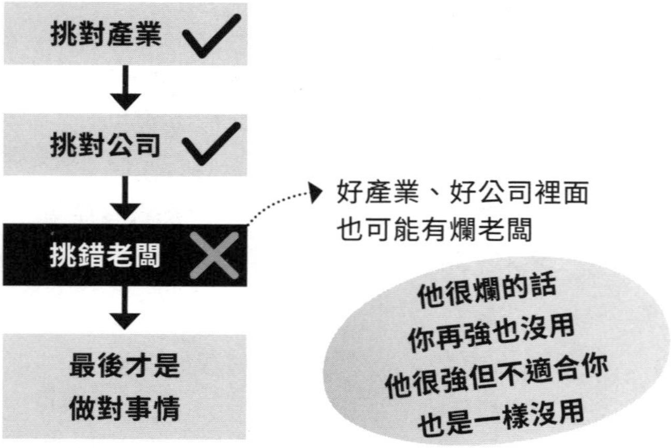
挑對產業
挑對公司
挑錯老闆
最後才是
做對事情
好產業、好公司裡面
也可能有爛老闆
他很爛的話
你再強也沒用
他很強但不適合你
也是一樣沒用

03 真正的面試，不只侷限在那個小房間！

不知道大家有多少面試經驗？有沒有一些面試，讓你覺得摸不著頭緒呢？有些面試可能代表公司本身有問題，因為企業管理鬆散、主管不重視或人事部門不專業，專問一些不合理的問題，或是不夠尊重面試者，讓對方感覺不太對勁。

但是還有一種可能，是面試者本身太預設立場了喔！

有一位員工告訴我，當初來這裡面試時，大主管問她一堆天馬行空的問題，和她應徵的專業一點關係都沒有。她當時覺得有點荒謬，甚至有點打退堂鼓，但後來還是被錄取了。

事後我向大主管了解一下當天面試的問題，其實，那些問題一點都不荒謬，只是並非一般人認為「面試應該會被問」的問題。因為面試者已經預設立場，覺得面試大概就是聚焦在這個工作職缺，問些專業相關的問題，如果超出了這個範圍，就會覺得「為什麼要問這個」？

◇回答的內容不是重點，回答的態度才是關鍵

我參加大學推甄面試時，我去面試的是大眾傳播系，當時也被問到很多高中生不可能知道的問題，我只能盡可能回答「我認為的」正確答案。我記得我曾被問到一題：「妳認為台灣的有線電視、無線電視相關法令，到底應該怎麼修改會比較好？」我整個傻眼，因為我根本沒有研究過相關議題，我家當時甚至根本沒有安裝有線電視，只有老三台可以看！

遇到這個完全不懂的題目，我也只能說：「這個部分目前我真的沒有涉獵，但希望有機會進傳播系學習，也許我就更能夠理解法令對這個產業的影響。」面

試結束時，我以為完蛋了，因為好多問題都類似這樣，根本超乎我認為高三生的程度！沒想到不久後學校通知，我被高分錄取了，因為我的面試拿下第一高分！

當時的我還不敢相信，詢問當時通知我的學務處人員，真的沒有弄錯嗎？我明明有很多題都答不出來啊？對方說：「教授就是要看你們面對根本不懂的問題，會用什麼態度回答，你落落大方承認沒涉獵，又謙虛說進來後會好好學習，而且充滿自信、毫不畏懼，給教授留下很好的印象。你知道有多少人不懂還要裝懂，最後慌張的亂答一通嗎？」

我這才恍然大悟，其實人家根本不是要我回答多專業的答案，而是在考我會用什麼態度面對「這些高三生不可能會懂的領域」。於是，我的坦率、誠實與勇敢的態度幫自己大大加了分！

說回我公司的那位大主管，他面試員工也是一樣，看似天馬行空的問題，其實都是要用來觀察面試者的態度、價值觀、談吐和思考方式。面試常常是在觀察你這個人，而不是要你有什麼正確答案，所以大家別太預設立場，認為面試「應該問什麼」、「不應該問什麼」、「這些跟我應徵的職缺有什麼關係？」很多時候不是面試太荒謬，是你沒參透啊！

例如，有些公司可能會問你：「如果中了五億的樂透會做什麼？」、「一生中遇過最荒唐的事是什麼？」、「如果明天就是世界末日，你今天會做什麼？」他要看的其實是你的價值觀，根本沒有什麼正確答案。千萬不要覺得一定要問專業問題，才是一場專業的面試，這就是預設立場，被自己的框架綁住。

◇看起來不專業的面試，其實是一場專業的測試

還有一種看起來「不專業」的面試，其實是一場專業的測試。我們公司之前也有一個類似的案例，有位面試者跟我反應，他在面試時有不太好的經驗，建議我好好改善。

當天他特地北上，面試「企業公關」的職缺。到了公司門口，竟然是一位咖啡師來開門，咖啡師問了他的姓名和應徵職位後，就帶他到小會議室等待，有人進來給了他一份基本邏輯測試的考題，他寫完後等了十分鐘，才有人來收卷，讓他覺得耗費很長的時間在做無謂的等待。

接著又有人請他寫另一份考題，他完成後又等了一陣子，都沒有人出現，他只好自己走出會議室，反應他已經完成了。最後終於進入口試，竟然是一位像工讀生或菜鳥的妹妹走進來，而且一邊玩手機，一邊問他一些「不專業」的問題，然後就請他離開了，他覺得這場面試讓他對公司的期待完全破滅，而且最後他也沒有被通知錄取，就看到職缺關掉了。

這麼「不專業」的面試，到底是怎麼回事呢？其實，我們是設定了一個完整的情境，看你怎麼面對這一堆莫名其妙的事件，測試你的性格和態度。因為企業公關這個角色，經常會遇到各路牛鬼蛇神，你應該要有能力應對各種不合理的狀況，但面試的人沒有預想到這背後的設計。

開門、帶領客人，本來就是我們賦予咖啡師的工作，很多人卻覺得來接待自己的，應該要是專業的人資主管或部門主管，這就是預設立場啊！咖啡師幫你開門，你就覺得不被尊重了嗎？

而他認為很冗長的等待，考驗的就是耐心，因為一位企業公關在外面的大部分時間真的就是等等等，等各方人員串接、等合作方回覆、等採訪、等活動開始、等大人物到場、等撤場、等車，等待的時間經常超乎預期，還要隨時保持微笑喔！如果沒有耐心、容易煩躁，那麼很可能並不適合這個經常需要等待的職位。

另外，企業公關解決問題的能力非常重要，當你認為事情不對勁時，你會枯坐原地、痴痴等待，還是正面迎擊、解決問題？你會感覺很困擾，還是沉著以對，情緒不受影響的主動出去溝通，確認現在的狀況，以解決問題？

至於那位看起來像工讀生、還一邊玩手機的人，其實他是正在進行口試錄音的公關助理，當你覺得應該由大主管來面試自己，其實又是一種預設立場，畢竟企業公關會遇到各式各樣的人，有大咖、也有小咖，當你遇到小咖的時候，你願意依然秉持專業和對方好好溝通嗎？

企業公關代表的是公司，當然不能因為對方是小咖，就表現讓對方不舒服的應對態度，甚至直接展露出看不起小咖的輕蔑態度。如果公司的企業公關，會因為一個活動要久候，或一位小助理找你溝通一些不重要的瑣事，你就一臉不耐煩，公司怎麼敢錄取你呢？畢竟，這些看起來「與專業無關」的事情，以後就是你的上班日常啊！

對人大小眼，你的印象分數就先被扣分了，更表示你並不適合擔任我們的企業公關，因為你肯定會替我們得罪很多人！咖啡師、櫃檯、總機人員，常常是人資或面試主管蒐集資訊的對象，因為他們看的人最多，看人眼光也精準，你的應對進退、等待時的態度，他們都看在眼裡。別傻傻的看不起人，說不定打掃阿姨的親友就是公司高層！平時好好做人，比只在面試時好好表現更重要！

◇面試，不只發生在那間小會議室

不要覺得面試僅限於那間小會議室，其實從你出現在公司門口的第一秒，面試就已經開始了。每家公司有不同的做法，公司想看的不見得是你的經歷或你會什麼，很多時候邏輯、態度、特質才是重點。也有人會測試你看到主管會不會起身問候、看到垃圾會不會撿起來、面試結束會不會把椅子恢復原狀，只要能測試出你是不是公司要的人，就是一場好的面試。

把格局拉大，你才看得懂整個局。

有時候對方不和你深聊，或者你沒見到主管、老闆，是因為你前面就沒過關，每家公司都有自己的方法，找出它們真正想要的人。所以，別再被傳統的面試綁架，越前衛、越有想法的公司、越彈性越有變化的部門單位，自然有它挑人的標準與方式，只是不是「你以為的那種」。

明明喜歡某家很酷的公司，卻又期待會有一場傳統的面試，這才是最不合理的吧？越創新、越與眾不同的公司，想要的人才當然要不被傳統框架制約，不預設立場，能跟得上公司文化的腳步，不然你進來只會覺得公司很瞎，因為你看不懂這家公司到底在幹嘛。

其實人家可能不瞎，只是不傳統。人家也不亂，只是不按牌理出牌。人家可能不陽春，而是有自己的標準。人家並不荒謬，而是有自己的邏輯。你從外面看，很欣賞這樣的企業文化，但當你真正踏進去時，是否又能感受且適應呢？

職場辣雞湯／

專業可以學，邏輯可以教，很難改變也最珍貴的是人格特質。面試就是一場大型實境秀，要從各種細節的展現，把想要的人挖出來！

04 形象不用完美，但一定能幫你加分！

一個人的整體形象，構成你的印象分數。長相只是其中一部分，其他還有你的舉止談吐、妝髮、衣著、指甲、膚況、乾淨度、笑容，這些全部加起來就構成了你的整體形象，可能會影響別人對你的觀感，也可能影響別人對你的信任度。那麼，要怎麼調整，才能替自己的形象加分，或者至少不被扣分呢？

◇外型

長相是先天的，但後天的打扮可以讓你看起來更得體。千萬不要說什麼「我本來就長這樣」，十八歲後的長相請自己負責！我絕對不是要製造容貌焦慮，而是告訴你，外型、打扮絕對能夠替你的職場形象加分！最基本的矯正牙齒、保養、化妝、髮型、穿著打扮，有太多讓你加分的方式！

牙齒

如果你有一口亂牙，甚至因為咬合不正影響你的發音和咬字，讓你說話不清楚或者沒有自信，可以去做適度的調整喔！

我自己是在二十八歲矯正牙齒後，臉型、唇形和說話的氣質都變得有點不一樣。以前最討厭自己的下巴，總是覺得它害我的臉看起來太長了，於是很迷戀齊瀏海來遮額頭，無法做更多髮型上的選擇。矯正牙齒後感覺下巴後縮了，臉型都變得不同呢！再也不用萬年鐵瀏海了！（開心）

以前我還覺得自己的嘴唇不好看，總是翹翹的，看起來就是心情不好的樣子，以為沒辦法，自己本來就長這樣。矯正牙齒後，大概是因為牙齒咬合正了，唇形竟然改變了，變得放鬆、自然許多，現在非常喜歡自己的嘴唇。實在是覺

得，到底當初為什麼不早點去矯正？（笑）

膚況、保養、化妝

你不必保養到膚質完美無瑕，但至少不應該是經常滿臉油光、脫妝嚴重或嘴唇永遠都脫皮。這些其實都可以透過良好的飲食控管、使用適合自己的保養品和化妝品來解決。

找到適合自己的妝容也非常重要，真的可以替自己在職場上加很多分，畢竟，外表才是別人對你的第一印象！如果你是要在第一線接觸客戶的業務、行銷，或經常要跟外部公司開會的部門主管，那更要多加注重喔！

穿著

適當的準備符合你公司產業或部門專業的服裝，是對自己、也是對公司的尊重。很多人擔任的明明就是需要上鏡頭的工作、需要第一線跟顧客面對面接觸的工作，卻沒有把心思放在如何維持自己的穿著與妝容上，然後才抱怨：「誰誰誰比較漂亮比較帥、誰誰誰顏值比較高就拿到比較多case？太不公平了吧？」

如果外型的加分真的對業績那麼有用，那麼，你又為自己做了什麼呢？明知有用而不去做，這是誰的問題呢？明明有這麼多方法可以去努力，別再說長相你無法控制了，後天的努力絕對有差！至少可以讓自己看起來是得體、舒服的。

髮型

頭髮至少要「有整理」，不要頭皮屑紛飛，甚至油味明顯、瀏海永遠黏在一起。如果有染髮，也要固定維持補染。很多人進入時尚公司上班，夢想可以成為時尚總監，卻老是頂著很久沒去補染的布丁頭。如果真的覺得補染很麻煩、很浪費錢，那是不是可以考慮乾脆不要染髮呢？否則別人看到你的大部分時間，都是布丁頭呢。如果你的工作，是跟服裝儀容沒有相關的後勤單位，自然不在此限，你想怎麼樣都可以。

看到這裡，希望大家理解，對自己的儀容有一定的要求，是對自己的尊重，並不需要矯枉過正、過度容貌焦慮。但也不要以為：「別人應該忽略我邋遢的外表，看到我內在的實力！」

◇舉止談吐

雖然這年代越來越注重個人風格，但擁有個人風格，並不等於可以忽略掉最基本的尊重、得體、真誠和禮貌，我的建議是維持以下：

謙虛且真誠

例如遇到不懂的事情，你可以回答：「這部分我還沒有實際接觸到，不過這個工作看起來需要××的特質，那我在××的經驗應該可以幫上一點忙。如果公司希望我擔任這個職位，我可以透過學習，努力趕上這方面的專業。」

但很多人習慣兩手一攤回答：「我不知道耶！完全沒聽過！我之前也沒學過呀！我應該沒辦法！」雖然是真的，但是聽起來實在不是良好的職場應對。如果你真的不想要這個機會，擔心是個爛攤子，或許你可以說：「這個部分我之前沒有機會接觸，所以沒有相關的知識與專業，可能沒辦法幫上忙，還是公司或主管有什麼其他的想法嗎？」如果公司真的很希望你來協助，再進一步討論。

此時如果你真的沒有意願，再進行表態，至少不要一開始就直接說「我不知道、不要找我」。也許你會覺得，這樣溝通真的很累！難道我不能「做自己」嗎？這個時候，就看你跟公司主管的關係囉！如果交情很好，也許直說無妨。如果還沒到那個程度，適度學習「如何婉拒」，也是你的職場功課之一啊！

自信但不浮誇

很多人會想要在職場上彰顯自己的能力，希望得到別人的尊重，但是卻採取了說謊、造假、過度浮誇的方式，最後被戳破時讓自己更沒有台階下，還毀掉了別人對他的信任！

有些人則為了顯示自己的優越感，喜歡在言談之間貶低他人，甚至眼神不願真誠的看著對方，總是一副跩跩的樣子。無論是新進的新人，或者資深的老鳥，我都看過這樣的人。

其實他們可能不是沒有能力，只是太希望「凸顯自己、壓低別人」了，太想要表達「我很厲害，你們沒有看到嗎？不要質疑我」。我每次看到這樣的人都覺得：「你到底在害怕什麼？為何一定要這麼張牙舞爪？」其實他們內心恐怕是有點自卑吧。

這一點，大家可以用來觀察你的老闆、主管、同事，更可以拿來反思自己。你能不能展現真正的自信，但不浮誇呢？那種沉穩、自在的人，我才會覺得他擁有真正的自信喔。

謹慎但不緊張

面對各式各樣的商業場合，或許你的年齡或經驗不足，會讓你稍微有點緊張，但你可以在內心謹慎面對，不需要一下子就慌亂，你可以慢慢在腦中整理好思緒再做出回答，遇到不懂的事情，也可以誠實說自己會再回去查詢資料，但千萬不要胡亂給出毫無邏輯或凌亂的回應，降低自己的可信度。

職場是需要「經驗值」的，沒有人一出社會就很厲害！都是要撞過牆、跌過跤、被人捅，傷痕累累之後才懂得什麼叫「社會事」。誰都是從小白兔開始的，慢慢才變身成可以自保的狼。

無論是外型打扮、行為舉止、內心的處事態度，都是職場上必須歷練的過程之一，也是「探索自我」的方式之一，正面迎戰吧！成為你想成為的那種人！

職場辣雞湯／

外表不一定可以為你加分，但絕對不要被它扣分！
經驗值比什麼都重要，誰都是從小白兔開始的！

05 現在太挑，你的人生就越來越沒得挑

你是好高騖遠的人嗎？每個人都會覺得自己不是，但其實比例極高的人都是，只是毫不自知。不先把眼前的事情做好，卻總想著我以後要幹嘛幹嘛、我想做的其實是什麼什麼，這難道不是一種好高騖遠嗎？很多人經常邊工作邊想著：「可是這就不是我想做的事啊！」所以做得心不甘、情不願，表現當然也就零零落落，最後你就離想做的事情越來越遠了。

如果你真的那麼厲害，早就可以「直接去做」你想做的事，根本不需要「被迫」做你不喜歡的事，不是嗎？一直把眼前的工作當成備胎或跳板，表現得可有可無，你就能變成你想成為的那種人嗎？吝於付出，最後什麼也得不到。

想想看《穿著ＰＲＡＤＡ的惡魔》，如果小安沒有先全力以赴，成為惡魔老闆願意推薦的人，她進得去自己真正嚮往的報社嗎？如果她一直用剛進去的那種態度工作，不認同公司、自命清高，繼續看不起在時尚產業裡努力的人，甚至像她身邊朋友說的那樣：「何必為工作付出那麼多？」那她這輩子都不會有機會到巴黎大開眼界，展開奇妙的際遇，更進不了她真正想去的公司。

這部經典又時髦的電影，從來就不是在強調惡魔老闆有多惡魔，而是一部職場聖經，你有看懂其中的涵義嗎？

曾經有位想當接案化妝師的人，到我的公司應徵外拍助理，希望藉由這份工作，可以學到外拍現場如何作業？網拍模特兒怎麼做造型？因為在這裡可以直接看到市場上成功品牌的工作流程，更可以直接看到專業化妝師怎麼工作，如果稍有妝髮能力，公司也願意讓你幫模特兒補妝、整理頭髮，有不少練習的機會，更可以認識造型師、攝影師、模特兒等業界人脈。

其實她會這樣想是很聰明的，因為如果你的目標是成為自由接案的化妝師，暫時先做外拍助理，除了可以學到一身技藝、看到實戰的第一現場，還有薪水領！這就叫做「跳板」。鍛鍊個幾年，可能學到了最實用的技能，還順便獲得一票人脈，也熟悉了業界的整個運作流程，或許就能自己跳出來接案啦！

但事實是，當她發現每天都要外出拍照，拍照的前置作業又很多，例如：要燙衣服、要整理衣桿、要整理配件、要確認場地、要打包所有物品……她就忍不住心想：「如果我自己接案，就自由多了，不必弄這麼多東西。」

而外拍結束後，忙完現場，回到公司還要繼續整理衣服、收納、歸位所有的物品，她又覺得：「拜託，我以後是想當專業化妝師，根本不需要搞這些衣服、配件啊！」、「這樣辛苦一個月，薪水才三、四萬，我自己接案一天就好幾千了！可是我現在還沒有案子……算了，還是先做好了。但現場比較辛苦的事情，我能閃就閃，不然太累了，畢竟這又不是我真正想做的事！」

這難道不是一種好高騖遠嗎？

況且，她所謂「能閃就閃」的工作態度，那些她眼中的「人脈」其實都看在眼裡。現場專業造型師說：「其實我有缺助理，一直想找個可以來幫我的人，可是看到她在現場這樣的工作態度，我不可能用她！」

攝影師說：「很多人找我拍照，都會順便請我介紹可以接案的化妝師，她有跟我聊過以後想自己接案，但我看她工作這麼不用心，怎麼敢推薦給其他廠商？」

模特兒則說：「我其實還有超多通告跟業配要拍，平常配合的化妝師如果沒空，就很需要找新的人選，可是她看起來做事很敷衍耶，我怎麼敢找她？」

於是，她一直都沒能得到「自由接案」的機會。很多人都是這樣，夢想著自己可以成為自由工作者，可是卻沒意識到，如果你連眼前的工作都不願意用心，憑什麼讓別人覺得你可以被信任？你的第一個案子，又到底要從哪裡來？

另一個實例，是我曾經用過一位一直想創業的女員工，她想要在創業前先進來相關產業學習、認識人脈。她的確在上班的過程中學到很多，也認識超多業界的人，希望自己以後也可以成立自己的品牌。幾年後，當她評估有足夠資源、資金創業時，她想找這些合作過的業界人士一起加入，包括供貨廠商、同事、下屬、合作過的外部夥伴等等，結果這些平常跟她頻繁往來的人，居然沒人想和她合夥創業，為什麼呢？

答案和前一個例子一樣。她一直抱著「我以後要自己創業當老闆」的心態，平常工作時始終呈現吝於付出、不斷批評、不耐煩、不屑自己公司的樣子，加上她覺得「反正我又沒有要做多久」、「我很快就要自己創業了」，覺得自己有退路、有備案，所以待人的態度也毫不圓滑，結果和往來對象的關係其實都不好。

大家都礙於「想繼續跟公司合作」，因而忍受她。她卻以為，大家都認同她的工作能力和未來的夢想。其實大家都看在眼裡，當然不願意當她的創業夥伴。

她一直以為所有人都知道，我以後就是要創業才這樣的啊！但偏偏就是因為她這個死態度，業界才沒有人想跟她合作！沒有人會相信她自己創業後，難道就會變一個人？就不會再有這麼多負面情緒跟抱怨了嗎？誰也不敢保證。

那麼，最後這兩個人，後來到底怎麼了呢？第一位外拍助理，多年後仍然沒有當上接案化妝師，因為要有足夠的案子養活自己，從來不是那麼容易。她只是一再跳槽到不同的公司去。

第二位，因為找不到創業夥伴，自己也不敢貿然投入，現在還繼續困在「我未來要自己創品牌、自己當老闆」的心態，在產業裡的表現不上不下，永遠都在不斷抱怨老闆、抱怨公司，總是說著「如果是我，我才不會這樣」，可是卻一直沒有跨出去自己當老闆。

我想，她們永遠都成為不了自己想成為的那種人。

分享這幾個案例，大家也可以思考一下所謂的好高騖遠、眼高手低，指的到底是什麼？不要以為自己沒有，說不定你就正在上演！

◇分外的工作，可能是開啟你未來的跳板

常常聽到有人抱怨：「那又不是我的工作，幹嘛叫我去支援那個專案？」、「為什麼每次都叫我訂便當，是把我當小妹嗎？」職場上有很多灰色地帶，有些工作好像不屬於任何人，但沒人做又不行，你也覺得做這些瑣事很委屈嗎？

其實，有時候肯做分外工作，才能敲開升官加薪的大門。如果主管每次請你幫忙，你都回答「我很忙」、「這不是我的事」、「可以找別人嗎？」一天到晚拒絕天外飛來的任務，雖然不會被開除，一旦有升遷加薪的機會，你的名字也很難出現在他的名單，因為你的配合度很低。

如果你是新人，很容易被交辦這些瑣事，因為你還在培養專業能力，還沒

有讓主管放心。請你訂便當、送文件，也許是主管在觀察你的處理態度和應變能力，把瑣事做好，主管就會試著把重要任務交給你。信任是逐漸累積的，把每件不重要的小事都做好，你在公司的地位就會越來越重要。

如果你真的覺得這些小事沒有意義，那麼你千萬要有「很強的專業實力」，讓公司真的不能沒有你，那麼就算你拒絕小事也沒有關係，因為你不靠這個在公司裡存活。但如果你什麼都還不會、專業都還沒上手，利用這些小事讓自己有更多觀察公司、跟同事互動的機會，其實也沒有什麼不好。

很多時候，那些認為自己可以挑事情做的人，往往不會成功，薪水也很難變高！而那些一路過關斬將、薪水一直升高的人，都是先從不挑事情做，最後才變成可以挑事情做的人。

很多失敗的人，都是從一開始就挑事情做，而且堅決不做這個、不碰那個，可是他自己的專業又不夠強，然後你就會看到他的人生越來越沒得挑！

職場不需要好高騖遠，不需要瞬間大躍進，只要每天改變一點點都好，把眼睛打開、腦袋打開，好好累積半年的經驗值，你就會變成一個不同的人。別再仰望遙不可及的目標，低頭看看自己手邊的事做好了嗎？被指點的問題改變了嗎？一步一腳印的累積才是踏實，才會變成別人搶不走的本錢。

◇你為想要的一切，付出了多少？

把你想要的一切、薪資、頭銜都列出來，再想一下你願意付出多少去換？你付出得起，才真的能夠換到你想要的！剛剛看到很多不良的案例，那我來說一個正面的例子吧！

我有一個朋友，她想要找「錢多事少離家近」的工作，工作輕鬆，最好沒人管她，她也不想管人，這樣的工作夠棒吧！你千萬不要以為世界上沒這種工作，她可是一步一腳印的得到了！

她很聰明，不僅設定目標，還懂得深入分析：

- **錢多**：要去知名的外商大企業，不然就是前衛但資金充足的新創公司。
- **事少、不管人**：最好是獨立事務，不要是大部門，更不碰管理職。
- **離家近**：設定好住家的方圓距離範圍，超過就淘汰。
- **輕鬆**：自己擅長的事，必須是自身專業，或受老闆器重的工作。
- **沒人管**：最好只被一個人管，老闆特助或祕書是最佳選擇！
- **結論**：外商大公司或新創企業的總經理特助。
- **執行**：搜尋各大外商或新創的企業，就能鎖定幾個職缺目標了。

以上分析與規劃，你為自己的職涯做過嗎？人家是這樣在規劃自己，你還覺得要找「錢多事少離家近」的工作很瞎嗎？

接著，她又繼續分析，所謂的「總經理特助」，可不是一般人都能獲選的，她要怎麼樣得到這個職缺？她列出了以下條件：

- 如果要進外商，要有國外某些大學的碩士學位。
- 要有接待過大老闆的經歷。
- 流利的外語能力、會開車。
- 得體的外貌氣質與打扮。
- 優秀的溝通協調能力。

她花了幾年的時間，出國唸碩士、苦讀英文，累積某些經歷，努力認識人脈，開車練到駕輕就熟，並且改變穿著打扮，好讓自己擁有上述條件。注意，她是花了好幾年喔！不是什麼「幾個月後就突然改變了人生」，沒有這種事！

換過幾個工作，累積到工作經歷之後，最後她終於得到某個外商集團總經理特助的職位，真的實現了「錢多事少離家近」的夢幻工作！除了她認為工作輕鬆，而且全公司只有一個人可以管她！她從來都不用看其他人的臉色。

再加上這位外商總經理經常在國外飛來飛去，一旦他不在台灣，她都可以不用進公司，只要待命，並遠端支援總經理的訊息、電話、視訊，不要讓總經理找不到人就可以。

於是她可以有更多時間陪小孩、跟姐妹聚餐旅行，擁有極大的自由，領著外商的高薪，又有很好的社會地位。看看人家為了想要的生活付出多少時間、繞了多少路，才打造出真正想要的一切！那你呢？

職場辣雞湯／

明明站在跳板上卻不肯跳，跟躺在地上有什麼差別？
把每件不重要的小事都做好，好事才有機會降臨在你身上！

06 職場不是學校，這樣讓你再菜也不踩雷！

剛畢業的新鮮人剛進一間公司，或是剛轉職到不熟悉的產業，覺得自己無所適從、不知所措，應該要注意哪些事情，才不會踩到菜鳥地雷呢？

◇第一，不要不懂裝懂！

不要害怕犯錯，也不要害怕承認自己不懂。不懂裝懂，才會讓人更討厭，而且一定會被揭穿。寧願坦承不懂，你才會學到更多。而且菜鳥不懂，真的是很正常的，怕就怕你不懂還裝懂，那就沒有人想教你了。

面對一份新工作，這個不會、那個不會，真的很正常，不懂沒關係，要有主動發問的勇氣、更要有自己用眼睛學的能力。我經常這樣告訴新進員工：「做錯真的沒關係，我會告訴你怎樣才是正確的，你只要負責改正。」最怕員工不問問題，被糾正卻又玻璃心。

多數人卡在自己的錯誤心態，怕被主管罵：「怎麼連這個都不懂？」更怕被同事覺得笨：「你怎麼問這種蠢問題？」於是老是不敢發問，永遠停在似懂非懂的狀態，過一天是一天。

也許你會覺得能撐多久是多久，但往往職場上就會有輪到你表現的時候，很多人會在那個時候，才闖出一個大包，讓所有人都措手不及，這時才發現：什麼？你一直都不懂我們平常說的這個是什麼？那你怎麼都不問？

寧願被覺得笨、但願意學習，也不要出了個大包才被覺得：他到底為什麼要裝懂？

◇第二，不要當伸手牌！

要勇於發問，但不要問不經思考的蠢問題。

我遇過第一天進來的新人，才剛填完某些公司需要建檔的資料，我剛好經過就隨口問我：「請問填完的資料要放哪裡？然後我等一下要做什麼？」但我根本還不認識他，也不知道他是哪個部門的人。

其實他有自己的主管，他的部門跟位子旁也有很多同事，他應該是隨便遇到人就隨口問了。後來，我和他的主管聊到這件事，主管說：「如果他知道你是老闆，還隨口問你這個問題就太瞎了，怎麼不回到部門的座位上來問我呢？但如果他不知道你是老闆，那更是瞎到不行！進公司前怎麼都不先做做功課？」

建議大家，非關專業的行政瑣事，一律先找當初帶你報到的人事和或是你的部門主管，不然就問坐你隔壁位子的同事，真的不要在公司裡，隨便攔到路人就問啦（笑）。至於這家公司的創辦人是誰、在位的董事長和總經理是誰，有沒有什麼創業故事、企業理念也是很重要的，建議都先做過功課，再考慮進去該公司，因為這可能會影響整家公司的管理風格，有助於你評估適不適合自己的性格。

提到這些公司高層，我並不是要你多尊重他們、好去拍他們馬屁，而是你可以藉此了解公司的經營理念，也不至於在不小心遇到他們的時候，鬧出笑話。例如我就聽過有朋友在電梯裡遇到老闆，但因為不認識老闆而不斷跟同事抱怨工作，結果場面超尷尬的狀況。

回到剛進職場應該如何發問、如何用眼睛學習的議題。當你是公司菜鳥，緊張是難免的，請把大腦上緊發條再去上班，發問之前，用眼睛好好觀察，凡事想過再發問。

如果是工作上的專業問題，你可以先做功課，帶著你的想法去請示。先有自己的觀察與想法，你問的問題才會有意義。不要習慣當個伸手牌，也不要覺得大家都有義務幫你。你一定要自己先動腦，先仔細研究過要問的問題，再去找主管。如果你想到什麼、就問什麼，但明明眼睛都能看到別人是怎麼做的，把主管當成你的私人保姆，他遲早會不耐煩抓狂。

◇第三，不要動不動就「前公司」！

職場最忌諱自己身上的包袱一堆，抓著過去的思維或經驗不放，聽不進新的邏輯和做法，一旦被糾正，又愛拿過去的經驗辯解。拜託記得！你已經換公司了！快點歸零，不要留戀過去，趕緊找到在新公司的生存之道！

這就如同，如果你跟伴侶剛開始交往，對方就老是提著前男友都怎樣、前女友都怎樣，你會不會一秒火大，想告訴他「前任這麼好？那你乾脆直接回去找前任！」？

請大家務必認知到，你現在的老闆，只在乎你能幫他的公司做到什麼，並不在乎你幫以前的公司做到什麼。如果你現在幫不到他，以前再強又怎麼樣呢？對新公司來說，不見得要買單你的過去，而是希望你能在新公司做出成績，所以不要再老是想著過去、提著過去的豐功偉業了。

身為管理者，我並不喜歡新進員工一直想把過去的經驗帶過來，腦袋裝的都是過去的邏輯，而聽不進公司要的。他們經常會一直說：「可是通常不是應該要……？我以前的公司都是這樣。」其實根本沒有什麼「應該」，誰說你過去學的一定適合現在的公司？每家公司的運作邏輯都是不一樣的。

我也聽過有人說：「因為以前我們公司都是怎樣怎樣……，所以我才會這樣那樣……。」其實，你以前的公司怎麼樣，關現在的公司什麼事呢？如果你老是要用前公司的做法工作，那你要不要乾脆回前公司呢？

不要管以前或現在，不同公司就是一切都不同，即使是同一個產業也一樣，不要帶著以前的框架去下一家公司。這也是為什麼其實有非常多產業的龍頭公司，都很喜歡用「新鮮人」、「白紙」，而不喜歡用「已經被同產業訓練過的跳槽人」，就是不喜歡人們帶著「以前受過的訓練」到新公司上班，反而使得訓練更不易。

以我自己的公司來說，除了人事、財務、法務這些部門，其他例如商品開發、社群、行銷、廣告、客服等部門，幾乎都要砍掉你以前的經驗，從頭練起，因為我們的行事邏輯往往和其他公司不同，你前公司對你的訓練，我們用不到。

所以進去一家新公司，千萬不要預設立場，先用眼睛好好觀察。就算你真的覺得有某個流程可以改進，新人也不適合在剛進去就提出來，先觀察一下是不是有什麼原因，流程才會這樣設計。每家公司就像一個人，有不同的性格，有各自適合的作業方式。有時候前公司的好，在新公司並不適用。

也不要急著對新公司的做法下評論，觀察清楚狀況再說。留意自己現在是什麼角色？現在是什麼時機點？等你成為公司信任、重用的人，掌握工作權力後，要提出什麼建議當然都可以。在你還是新人時，先靜觀其變，搞清楚自己眼前最重要的是什麼。

職場辣雞湯／

工作要用的是能思考的大腦，不是最原始的反射神經！
你是來上班，不是來補習，不要整天當伸手牌。

07 主動回報，讓老闆安心，就是幫自己加薪

小美是公司的專案經理，負責一個重要的專案。有一天，她透過Email對總經理、部門經理提出自己的企劃後，都沒人回她。小美不知道該怎麼辦，就這樣過了兩週，於是專案的執行錯過時間，最後造成公司的損失。公司認為是小美的職務疏失，決定開除她。但小美認為明明是主管們自己都沒回我，我又能怎樣？

如果你是小美，你會怎麼做？

這是一個發生在朋友公司的真實案例，後來小美確實被開除了。大家看到這裡，會覺得小美其實很無辜嗎？小美明明盡到了自己提出企劃案的責任，為什麼

卻要被開除呢？這麼說吧！大家請先理解一件事，小美的職位是什麼？

如果她只是一個行政助理或部門專員，那麼她可以跟自己的部門主管當面提醒、當面討論，其實專案進度的推行，職責並不在她身上，她可能只是負責規劃內容並提交，但進度的控管一定會有一位專案經理負責。

但如果她就是「專案經理」，那麼這個案子就是她必須負責推動，否則，一個公司裡分那麼多種職稱、職位做什麼呢？而這些職位，領的薪資也是完全不同等級的喔！你千萬不能拿著專案經理的薪資，但用著行政助理的方式在工作啊！

這種職場態度其實是很多人的盲點，以為自己是在打網球，把球打過去，就等著對方把球打回來，如果對方不打回來，那就算了。職場上，千萬不要覺得別人應該乖乖在你預設的期限準時回覆，很多時候，你把東西交出去之後，很可能就是毫無回應，你得想想辦法，讓你的專案可以準時完成。

有哪些辦法呢？辦法可多著了！如果我是小美，我可能會有以下方式：

一、我會再次發信提醒主管們，並副本他們的祕書或特助，請他們於某個期限前回覆我、指示我。並且去找他們的祕書、特助口頭告知：「我有發信喔，請協助提醒。」

二、如果仍然沒有回覆，我會主動召集會議！要大家現場來討論此案，請主管們的祕書敲下他們的時間，好進行會議，以控管我的專案進度。

三、如果仍然沒有下文，我會去找公司裡的資深主管、資深祕書求助，問問他們若遇到這樣的狀況，在公司裡通常是怎麼處理？總之，我會努力到無能為力，因為這是我負責的案子啊！

不適任的人會毀掉其他同事的付出，公司必須確保大家的努力，能讓全體一起更好。無法讓專案成立，就證明了你不適任這個位置。

專案是誰負責，誰就要控管進度，把自己當成這個專案的老闆！不能把責任推給是誰沒回你，而是要想方設法完成目標，想想《穿著PRADA的惡魔》裡的小安，她為了堵到老闆怎麼做？她真的是無所不用其極！所以後來老闆才會在車上對她說：「妳跟我是同一種人，為達目的不擇手段的人。」

看到這裡，我知道很多人會覺得，明明就是公司有問題，為什麼是我要這樣辛苦奔波？這些高層自己不能做好分內的事嗎？不能讓事情簡單一點嗎？我知道你想的，但是這個世界、職場的現實，往往就不是那麼簡單而單純，我只是在告訴你求生之道。

如果你可以找到一家簡單又單純、沒有這些事情存在的公司，那當然就沒有必要處理這些鳥事，但事實上，這卻是大部分公司的日常。

◇主動出擊，不要等老闆開口問！

身為老闆，我早上進公司前，會在通勤的時間先讀完手機裡所有部門的LINE訊息，能力優秀的員工通常會讓我在進公司前，就清楚目前他部門的最新進度。

例如：

- 昨天交代的事項已在安排中，預計〇〇〇會完成。
- 外部合作公司已提案，內容大致是〇〇〇，需要你裁決的是〇〇〇。
- 某個款項還沒下來，已進行追蹤，等對方下午回電。
- 今天部門的主要工作為〇〇〇，下班前進度會到〇〇〇。

這樣我就非常清楚該部門的運作狀況，不太需要問一堆細節。

以上這些同樣的事情，如果是能力普通的員工，處理起來是怎麼樣的呢？

- 不習慣主動回報，等我詢問，昨天交代的事項做到哪裡了呢？才回答說有安排了。我再問，那什麼時候會完成呢？才回答我：這個要再確認一下。

- 明明外部提案已經寄來了，等我想起來追問才說：「喔！有寄來，等等給你看！」然後就直接轉貼給我，我得從頭看起，而沒有辦法直接透過你，就了解大致內容，也沒辦法直接做裁決。
- 某個款項的進度，等我問了才回答：「早上有追了，對方說要確認一下，下午才會回電。」有進度不說，都要等老闆逐一追問，為什麼不主動回報，下午會有答案呢？

其實，等老闆追問就太慢了！很多人每天都在犯這樣的錯誤，但是毫無感覺！只覺得老闆問了，我也回答了，這樣哪裡有問題？你的問題就在於：為什麼你要等人問？你不能主動回報嗎？

你可能以為兩者差不多，但對老闆或主管來說，事情都要問了才知道，甚至是已經開始擔心了才去問你，心情上真的差很多！如果你想要成為優秀的部門主管或專案經理，你最應該做的就是：不要等老闆問，主動先回報！

◇九〇%以上的人做不到主動回報，為什麼？

主動回報，是一件超簡單的事，而且有極大的優點！

藉由回報，不時「刷刷存在感」，是一種小小的邀功，提醒老闆你做了哪些事，他就不會以為你很閒。畢竟老闆真的沒辦法用自己的眼睛，看到全公司的人在做什麼，所以應該由你主動告訴他：你都在做什麼，讓他可以放心。先不管事情做得好不好，至少你表現出積極、讓人信賴的態度，就會讓老闆覺得你跟別人不一樣。

正因為九〇%的人都不會這樣做，你一旦做了，就是那一〇%很不一樣的人！所以我都說，這是一個CP值爆高的工作小訣竅！

有時候在回報的過程，老闆還會順便提醒你一些小細節，可以及時修正可能發生的錯誤，你就不會做白工，就不需要在最後交出結果的時候，才發現犯了某個錯誤，又得重新來過！這樣其實是很替自己省事的！

但是，大部分的人都做不到主動回報，為什麼呢？主要都是因為這些錯誤心態：

• **根本沒想過需要讓老闆掌控自己的進度。**

這樣的人會覺得，反正我都有做事，最後有交出成果就好了。但是這樣的人，如果辛苦沒被老闆看到，又會抱怨老闆都看不到他有多努力。

• **覺得手上進行的都是小事，不用主動跟老闆說。**

換個角度想，就是因為老闆不會主動追小事，你才更要主動回報！否則你會渺小到沒人在乎喔！

• **覺得不用事先回報，只要老闆問，都可以馬上回答！**

等老闆來追問，很多時候都是因為他內心感到擔心，「奇怪，這件事怎麼沒進度？」才會跑來開口問你，你卻沒發現已經給老闆「辦事不牢靠」的印象。

• 怕打擾老闆。

會這樣想的人其實都是害怕應對老闆，你明明是在幫老闆掌握進度，並不是在打擾他。會說出「怕打擾」這樣的理由，是因為你的內心在逃避面對高層的壓力，自己誠實想想，是不是呢？

• 每次回報老闆都已讀不回。

這是正常的，其實老闆絕對有在看，只是不一定有空回你。更何況如果你的回報內容並沒有什麼問題，也沒有什麼裁決需要回應，已讀不回也是正常的。如果沒被老闆要求「這些不用再跟我說」，那就繼續吧！

• 回報後，老闆都會說這些小事不用去問他。

你的回報內容裡面，是不是老是包含了一堆問題呢？尤其，都是你自己分內應該先解決的問題？如果老闆經常對你說「這種事不要問我」、「你要不要自己先想想？」，可能要反思一下自己是不是常問「應該先做第一層處理」的問題。

建議如果你真的需要請示上級才能開始作業，下次請給老闆「選擇題」，不要老是直接問「開放性問題」。例如：那我該怎麼做？那件事該怎麼辦？那我要怎麼回對方？接下來呢？這樣真的會很像你才是老闆，他才是執行人員（笑）。

◇主動回報有技巧，不是有報就有到！

有不少粉絲問過我，每次寄信都副本給主管，結果主管常常沒看，留言和訊息也不讀，如果直接向他報告，他又嫌煩沒空聽。到底主動回報要怎麼做呢？

雖然每個人遇到的狀況不一樣，但我提出這幾種錯誤類型，大家看看你是不是屬於其中一種？

一、擠牙膏型：老闆問多少，你才說多少，問一句答一句，讓老闆非得這樣擠牙膏，累不累啊！聽你說完要花多少時間？

例如：

昨天開會交代的進行了嗎？↓進行了！

進行到什麼程度？↓已經通知合作單位了。

那他們有提出什麼問題嗎？↓有，他們說〇〇〇。

那後來呢？↓我有跟他們說〇〇〇。

那他們同意嗎？↓他們說要再跟他們內部確認一下。

什麼時候會有答案？↓他們說，可能要下週三左右。

以上，就是超級可怕的擠牙膏報告方式！也是我最害怕的那種，因為最浪費我的時間！而且如果有我沒問的東西，通常也不記得要跟我說，以後追問起來還會回我：「因為你沒問啊！」天啊，太可怕了！

但你知道其實大部分的人，真的都是這樣在回應老闆與主管的嗎？我問、你答，而且還真的只回答我問的範圍，要是我沒問到的，通常不會主動說！這真的是讓老闆、主管很累的一種方式，而多數人卻認為這是正常的。

二、什麼都不確定型：回報時夾雜一堆「應該」、「好像」、「可能」，其實你也搞不清楚狀況，沒有一件事確定，那你來報告什麼？老闆看起來很想跟你聊天嗎？

拜託一下，把事情都確定清楚，不要有那麼多模稜兩可的詞句，除了準備好結論、需要老闆裁決的重點，需要提供的相關佐證數據也準備起來吧！不要一問三不知啊，下次老闆有空又不知道是什麼時候了，然後再來抱怨老闆都沒空理你？可是他有空聽你講時，你又什麼都不清楚啊！

三、拿問題來煩老闆型：該確認的沒確認、該聯繫的沒聯繫、該處理的都沒處理，也沒有帶解決方案讓老闆選，遇到一點問題就丟出來煩老闆，最糟糕的回報就是這種！

例如：

「老闆，他們Email都沒回耶？」

「直接打給窗口了嗎？」

「喔，我還沒打。」

只是遇到一點小問題，就馬上跟老闆說，自己都不先試著解決。

應該改成「他們還沒回覆Email，我等一下會用電話再追一次進度，確認後立刻回報。」

又例如：

「他們說這個條件不行耶，那怎麼辦？」

「你覺得呢？」

「我不知道。」

最後又是老闆要跳下去直接幫你出主意。

應該改成「我覺得或許可以〇〇〇、或者〇〇〇，不然也可以〇〇〇，老闆你覺得怎麼樣？」

四、細節和情緒太多型：不講重點，把老闆當垃圾車狂抱怨、狂吐苦水，廠商拖延、其他部門不幫忙、最近家裡又很多事情、真的快要崩潰了……，除非你和老闆很熟、私交很好，否則請先把情緒收好，就事論事，展現你的專業。

你應該把「主動回報」分成三階段：完成要講、處理中要講（處理到什麼程度）、待處理也要講（為什麼還沒處理，或你預計什麼時候處理）。

無論事情多小、多無聊，請記得主動回報！尤其現在常用ＬＩＮＥ或Email，不需要碰面口頭報告，就能讓老闆掌握工作進度，更應該好好運用。

◇顧好老闆的心，就是顧好你的薪

主動回報還有一個好處，就是你可以學習老闆、主管的視角和邏輯，會越來越明白他們在意什麼，你和他們就會越來越有默契！很多人都放棄了這些主動回報帶來的好處，只要你默默這樣做，就可以把其他人遠遠甩在後面，他們連怎麼被你超前的都不知道！

工作進度在你手上，你不說，沒人會知道。不懂回報的員工，讓老闆經常要整天一直追著他們問，A的報表交了嗎？B處理的客訴解決了嗎？C的進度到哪裡了呢？說實話，真的很累！最後你會讓老闆光想到你就覺得累，以後有什麼重要的事也不敢交代給你，怎麼會是好事呢？

沒有老闆喜歡讓他擔心的員工，記得顧好老闆的心，就是顧好自己的形象，也是顧好你的薪水、年終和職涯。

讓老闆隨時掌握你在做什麼，請記得要「自己送上門」，這是很基本的好習慣，早點認知這件事的人，薪水和前途都光明很多，很快就能和別人拉開差距！今年給自己一個新目標：「讓老闆不需要開口問你」，能讓老闆說出「好，交給你處理」，就是最大的稱讚！

職場辣雞湯／

最棒的回報，不是問老闆問題，而是讓他不用再問你任何問題！沒有老闆喜歡讓他擔心的員工，顧好老闆的心就是準備加薪！

08 把分內事做好做滿，在戰場上拿出成績

職場上有不同的位置，當然有不同的作戰方法，你有找到自己在公司的位置嗎？

一、最高領導者：老闆、總裁、總經理、CEO，決定公司最大的策略與方向，對公司的盈虧、損益負最大的責任。

二、高階大主管：副總經理、營運長、執行總監，負責執行CEO決定的政策，確認目標與完成時間，適時回報進度，確保任務達成。

三、部門主管：經理、店長，負責執行上級指示，並負責跨部門溝通，需與高階主管維持良好互動，不斷回報進度，並確保部門下屬執行正確。

四、小主管：組長、副店長，除了負責執行，通常也附帶小規模的管理責任。

五、基層員工：組員、專員、助理，負責聽從上級指令，做好分內工作。

CEO

只有大方向
其他都要自己想辦法

高階大主管

你要執行CEO的決策
確認目標與完成時間
並適時回報進度
確保任務達成

部門主管

你要跟大主管維持良好互動
不斷回報進度
並確保下屬執行正確
不懂的立刻問清楚

基層

聽從主管指令
做好分內工作

如果沒有理解自己的位置，做不好分內的職責會怎麼樣呢？

大家順便看看自己或自己的公司，是不是就是這個樣子？

一、最高領導者：沒有把大方向、大決策顧好，卻喜歡問下屬你們覺得怎麼樣？整天召集一堆人開馬拉松會議，但又都不下達決策。

二、高階大主管：無法執行最高領導者下達的決策，有困難沒有立刻反映，把事情都丟給下屬，但他們不可能扛得起。被追問時，又推下屬去犧牲。

三、部門主管：對上不溝通，不懂也不問，有問題不敢講。對下不緊盯，期待基層應該自己就要做好。不然就是整天跳下去救援，領著主管的薪水，卻做著基層的工作。

四、小主管：覺得管理他人應該是上級的事情，又覺得執行細節應該是基層的事情，不喜歡部門主管，但也看不慣基層下屬，經常夾在中間什麼也不做。

五、基層員工：不聽小主管指令，又覺得大主管離太遠，個人意見超級多，分內事情都做不好，卻想要改變公司最大的政策跟方向。經常說著：「公司為什麼不怎樣怎樣」、「如果怎樣怎樣不是很好嗎？真的不懂為什麼公司要這樣耶！」

✕

CEO

沒有把大方向顧好
喜歡開會又不做決策

高階大主管

執行有困難沒有趕快回報
事情丟給下屬
但他們不可能扛得起

部門主管

對上不溝通
對下又不緊盯
期待下屬自己就能做好
身為主管卻做著基層的事

基層

不聽主管指令
個人意見有夠多
分內事情都做不好
還一直想改變公司政策

◇學業的跳級是優秀，職場的跳級是困擾！

一家公司裡，最高領導者的責任是掌握公司的目標和政策，主管的責任是執行公司政策，基層員工的責任是聽從指令執行，其實這是一個很簡單的分工邏輯。

但是很多人都會搞錯自己的定位，明明是基層員工，卻想要改變公司的大型決策，明明是部門主管，卻老是在做基層的事情，你也是這樣嗎？

如果你是基層員工，就不該整天想著根本不是你職責範圍的事，老是覺得：「為什麼公司要這樣？」、「為什麼主管不那樣？明明那麼做就是會比較好啊！為什麼不怎樣怎樣呢？」

很多人事情做不好，就是因為整天「跳級思考」！太想證明自己，意見不被採用就傷心、懊惱、憤恨不平，甚至離職。很多人陷在這樣的職場負面循環裡，其實是自己眼界不夠，思考狹隘，看不懂局勢，明明時機還沒到、自己的職責還不夠，就覺得自己的意見被埋沒，不想待在沒有未來的公司。

可是，當你只是剛進去的新人，到底哪一家公司可以讓你負責最高領導人才能決定的重大決策？你以為比較好的決策，會不會都只是對你個人比較好，可是對整家公司根本不適合？只是你看不到那些連動與後面的代價而已？

有粉絲和我分享，她二十幾歲剛進公司時，因為急於證明自己的能力，處處想表現給別人看，經常跟同期的同事較勁，還會跟部門主管吵架，更經常覺得老闆到底為什麼都不懂、都看不到這些事？

她提出了很多對公司的改善方案，開會時也勇於發表，但都沒有被採用，還經常被主管約談，勸她好好上班就好。當時不僅搞得自己很累，而且還到處樹敵。後來她可以獨立負責專案後，不再像從前只想證明自己，而是專注於達標，終於做出了不少成績，立下戰功。

三十五歲時，她升到主管的位置，用此時的高度跟眼界，才終於理解了當初剛進公司的自己，曾經提出那些天馬行空的想法，對公司是無用且不可行的！根本就是在越級打怪，卻還覺得自己很厲害！她實在是覺得當年的自己有點可笑，也慶幸自己沒有因此被開除，才有現在的自己。

她說，她這才明白，從基層員工到領導者是需要足夠時間的。年輕時都在想一堆不該想的策略，被老闆打回票又很挫折，還要花時間整理心情，安撫自己沒遇見伯樂的失落，根本都是在內耗自己！後來才發現，自己根本還沒有足以判斷公司利益的眼界跟高度，而當時一直打擊她的老闆其實就是伯樂，幫助她把地基打好，才有能力面對多變的市場。

凡事別想一步登天，分內工作做好才有資格往上爬，眼前這一階踩穩，下一步才不怕跌倒。等你拿到了位置、得到了權力，你想改變什麼，才有資格！

◇公司有問題，等你有能力也有權力再去解決

作為基層員工，如果你想要改變什麼，就先把眼前的工作做好，等你爬到主管的位置再來改變。你現在的工作就是聽從主管指令做事，其他都不該去想，否則都只是內耗。更何況，等你爬到主管的位置，視野不同了，考量不同了，你不見得還會覺得自己當初的想法是對的，這也是為什麼職場上要各司其職。

作為主管，你也不要整天抱怨為什麼老闆訂的規則，自己不遵守？這表示你沒弄清楚自己的角色。老闆負責創新、負責發想，他會打破規則，創造願景，負責追求有風險的挑戰，那是在幫公司找機會，他的位置就是該做這樣的事。

而你應該遵守規則、穩定執行，帶著基層員工達到目標，降低營運中的風險與成本。不管你是基層員工還是主管，別老用自己的眼界去看，先把被交代的事情達標，你才有資格討論、參與更多，否則只會讓人覺得你有空想這些不該想的，為什麼不先把事情做好？當你的經驗值夠多、思考更全面、考量更成熟時，

你才有資格往上一階，否則很可能都只是把事情想得太簡單。

總是有人問，明明看到公司很多問題，基層員工只能疲於奔命去解決，但是又無力改變，該怎麼辦？

記住，不在其位，不謀其政。如果你是外場服務人員，卻硬要做店長或廚師負責的事，是不可能做得到的。如果你真的想改變，真的那麼忿忿不平，那你就爬上去拿到權力再來說話，不要用小角色的身分去努力，對自己絕無好處。如果你遇到能力很差的主管，與其抱怨他，不如努力幹掉他，取代他的位置，自己當主管。

有能力卻沒有權力，是一種浪費；有權力卻沒有能力，是無止盡的災難。

如果你很有能力，卻一直沒有權力可以管事，拜託先去拿到權力，不要傻傻的硬幹硬拚，你很快就會被折損、甚至被拔掉！如果你還沒有能力，卻已經拿到權力，拜託趕快讓自己的能力跟上你的位置，否則你將是一台災難製造機！

職場辣雞湯／

想幫公司解決問題，你得先有能力，再拿到權力！

真的想改變就爬到對的位置，不要在不對的位置上忿忿不平。

09 適者生存，別讓皇親國戚成為你的絆腳石

有粉絲和我分享一個實例：老闆本來很重用自己，偏偏有一位同事是「老闆女友的哥哥」，常在老闆面前暗地說其他同事的壞話，甚至還因此弄走了好幾個人，老闆現在對自己的態度也有很大的轉變，越來越不重視他。這樣的情況下，到底應該要出手反擊，還是繼續做好分內的事就好呢？

我告訴他，如果只是有人去說說壞話就能讓老闆相信，那我不覺得老闆原本有多信任你。可能是你平常跟老闆的關係就偏薄弱、缺乏互信基礎，才會容易被黑掉。不過如果老闆本身就是個昏庸、耳根軟的人，確實也很可能被身邊的人操弄，這就是老闆自己的問題了。

不過既然老闆現在非常信任對方，他就是「皇親國戚」啊！他說的話現在就是有影響力，而你就是得罪不起。這是你需要即刻認清的事實！

宮廷劇好看，不是因為它很灑狗血，其實那就是社會，也就是職場。你看得懂劇，就絕對也能懂職場！我們來分析一下，宮廷劇的角色大概是這些：

- **皇上**：高高在上，面對文武百官與朝政，每天忙得分身乏術，不認識你很正常，輕易殺掉讓他感到困擾的人也很正常。
- **皇親國戚**：皇上的兄弟姐妹、所有妻妾、近親遠親，以及這些人的子女……只要跟皇上攀得上一點點親戚關係，全部都算！這些人就因為那麼一點血緣關係或姻親關係，便擁有你無法撼動的地位，人家是「自己人」，你只是個「外人」。
- **老太監**：進宮十幾、二十年，對皇上瞭若指掌，皇上只是皺個眉，或隨便動一根手指，他都知道皇上大概在想什麼。這種皇上身邊的親信，你還是不要亂得罪！

- **文武百官**：只要是聰明人，大家都知道讓著皇親國戚和老太監三分準沒錯，除了做好自己的事情，還得經營好人際關係，不然怎麼死的都不知道！
- **剛進宮的你**：新來的菜鳥常常不知天高地厚，一來就批評老太監作威作福，抱怨皇親國戚狐假虎威，仗著自己年輕氣盛或者最近做出了點功勞，就覺得可以改變整個皇宮裡的利益結構！這個人你也看不順眼、那個人你也覺得他很討厭，請問，你這不是自己找死嗎？

所以，遇到皇親國戚、國王人馬，真的沒什麼好抱怨的。自己要先看懂「人與人之間的關係」，想辦法在這些關係裡生存，然後想辦法表現出色、站穩腳步，才有自己的底氣。在職場上一股腦亂衝，自以為很努力、別人應該要看到你、重視你，是沒有用的。

看宮廷劇要學會東西
不然都白看！

皇上

無論是昏庸、還是高高在上
人家不認識你是正常的

皇親國戚

都皇親國戚了你還不懂嗎
哪是你動得了的～
皇上可是我誰呀！
你先搞清楚好嗎？

老太監

人家進宮十幾年了
皇上想什麼他都知道
（人家很會向上管理）

文武百官

大家讓著老太監三分
不然怎麼死的都不知道！

剛進宮的你

啊你這新來的
一來就靠北老太監作威作福
不是自己找死嗎？

不過，也不要看到這裡就很沮喪，覺得自己一輩子翻不了身，我只是先告訴你職場生存術，提醒你暫時不要去跟別人鬥，要把自己的氣力放在對的地方！

◇只想和喜歡的人工作，那根本別想好好工作

有人說，如果那些同事真的很討厭，想到要一起工作就很痛苦，該怎麼辦呢？也有人說，他沒辦法和工作不認真、到處嚼舌根的人當朋友，明明知道不關自己的事，但心裡就是過不去。看到其他同事都能相處融洽，不知道該怎麼調適？

首先請認知到，這個環境是你選的，待在這裡上班是你的決定。如果你真的那麼痛苦，可以申請轉調其他部門，也可以離職。我雖然拿皇宮比喻職場上的關係，但最大的差別是，古代人進宮可能沒得選，想走都走不了，而你不是！你想走，隨時都可以離開啊！

不過如果你因為「任何理由」而不想離開、無法離開，例如我們最常聽到

的：這裡的薪資很好、這裡有我想要的福利、暫時找不到其他工作、這裡有我很喜歡的工作內容、已經努力了很久不想放棄……等等。那就請去適應這個環境！你不能又想要留下，又要怨天尤人！先搞清楚地球就是適者生存，不適者淘汰。

無法和不認同、不喜歡的人共事，也許是你心胸太狹窄。相處融洽是一種能力，缺乏這個能力會是你的職場絆腳石，造成你人生的阻礙。如果你真的很想突破，可以先認知到「這是一個能力」，然後試著去學習它，就看你有多想踢開這個絆腳石了！

而且，所謂同事間的「相處融洽」，並不等於要你真心喜歡對方、認同對方的一切，這就是很多人的盲點。誰叫你得真的喜歡他了？不過是要你「不用多喜歡對方，但至少能和平相處，把事情做好」而已。

情緒是情緒，任務是任務，請大家把這兩件事情拆開，你私下有多討厭這個人都無所謂，但公事上要能照常合作，不要把情緒帶到工作上。許多職場老鳥都會說，反正就是「上班好同事、下班不認識」！其實就是他們已經懂得如何把個人的情緒跟喜好，與職場分開來處理。

如果世界上所有的人，你都要百分之百喜歡才能相處，這些人到底要去哪裡找？父母、夫妻、公婆、老闆、同事、鄰居，絕對不會有一個人是你完全喜歡他全身上下、內在外在的啦！難道你都不要相處嗎？我們經常連跟自己的伴侶、父母、兄弟姐妹都相處不了，你怎麼會期待整個公司都是你會喜歡的同事？難道，以前在學校班級，全班都是你喜歡的同學嗎？不是吧！

職場上什麼牛鬼蛇神都有：仗著年資搶功勞的老油條、拿著雞毛當令箭的皇親國戚、整天混水摸魚的薪水小偷、假裝友好卻背後捅你一刀的假面人，這些人多得是。別人有別人在職場上的生存方式，你本來就管不了別人的人生，尊重別人的選擇與自由吧！他們要怎麼過自己的人生，是他們的事！不要庸人自擾，你只能努力做好自己，如果你真的夠強，一定能擺脫爛同事。

你倒不如想想，為什麼現在的你，得跟這些爛同事在一起？為什麼你不能離開這個討厭的環境，去自己覺得比較優秀、比較正常的地方？是不是就是因為「你不夠強」，優秀的地方不選你？那你只能先讓自己變優秀，你才有得選啊！把這些討厭的心情，變成你把自己變強的動力吧！

◇肯定自己，默默累積自己的底氣

有不少粉絲問過我，如果進到一個公司後，發現有很多姿態很高、據說好像也很厲害的同事，感覺很自卑、壓力很大，擔心自己好像很平凡、很弱，怎麼辦？

大家真的先不用自己嚇自己，很多看起來在公司混得很好、年資很驚人的同事，其實不見得有你想得那麼厲害！

舉一個例子，A和B在工作上是平行職等，因為A曾在大型企業擔任過高階主管，年齡和資歷都超越B，所以B常常覺得自己矮了一截。而且A態度高傲，

B也很怕得罪對方。

這個時候大家可以想想，如果A那麼強、那麼資深，為什麼現在和B擔任平行職位？B的問題就在於，他先覺得自己輸了，明明是A沒有拿到更好的位置，才會跟自己平行，B卻先檢討自己。我會說，你幹嘛被對方以前的資歷跟現在的高傲給嚇到？你們現在就是平行的啊！

高傲的人，不代表他真的比較厲害，我看過很多在職場上態度高傲的人，都是因為他們沒那麼強，才要虛張聲勢。真正的強者大多是有底氣、有自信但謙虛，不過只要他們只要一出手，大家就知道他的深厚功力。

職場上，你一定會遇到這些人：

- 年齡大你一輪以上的人
- 曾經擔任過很高職位的人

- 在業界資歷很深的人
- 曾經是有江湖稱號的人
- 聽別人說好像很厲害的人
- 據說跟過某號人物的人

無論是因為他們的出道年資、過往資歷、江湖稱號、各路傳言，大家看到以上通常都會退讓三分，不過卻經常忽略了，但他們「現在跟你擔任平行職位」？

這是什麼意思？他們的厲害、他們的資深，為什麼沒有讓他們拿到更高的職位或待遇呢？如果他們擁有那麼厲害的過去，現在卻跟你平行職等，那你不是更強嗎？你才是匹黑馬耶！

所以你千萬不要再被這些人嚇到而自卑了！職場上就是一堆虛虛實實的傳言，先不要自己矮化自己，把對方當成普通同事，平常心相處就好了。也許近身相處後，你真的可以跟他們學到不少，但前提是自己先不要過度卑微。

請大家不要再被這種人嚇到而自卑：

/ 年齡大你一輪以上的人

早你起步十幾年
現在跟你平行職位？
那你在怕什麼？

/ 曾經擔任過很高職位的人

/ 在業界資歷很深的人

/ 曾經是有江湖稱號的人

/ 聽別人說好像很厲害的人

然後現在
在你公司跟你平行職位？

/ 據說跟過某號人物的人

我用過很多人
離職後就一直打著前公司、前老闆的名號自抬身價
老實說，如果你真的很厲害
不用這樣打著別人招牌來照亮自己
業界早就會認識你
因為跟你交過手的人，就會說你很厲害
當你需要打出別人的名號就證明：你不厲害

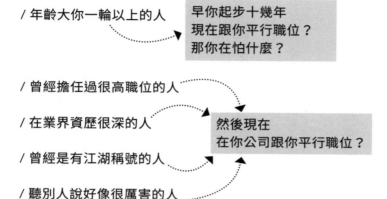

◇有些人越沒料，越要裝高傲

有時候，越是不厲害的人，越擔心被看破，所以喜歡裝出高傲、看不起人的樣子，假裝自己很厲害。我看過很多人，他們總是裝出無所謂的姿態，無論對同事、對主管，甚至對老闆，都擺出一種「我不缺錢、我也不缺工作」的樣子。他們其實就像刺蝟，到處傷人、扎人，就怕被發現自己沒料！

如同武俠片裡，武器越大支、越愛裝模作樣、越愛亮出江湖稱號的角色，常常一上場就被秒殺。真正厲害的高手，通常虛懷若谷、談笑風生，還會自嘲自己其實沒什麼。他們就事論事，不在乎別人怎麼評論他，更不會總是在「裝」！

所以只要你知道自己在幹嘛就好，永遠虛心學習、與時俱進，要像那些武功莫測的隱世高手，看起來什麼武器也沒有，一旦輕輕出手，事情就擺平了，他還一邊微笑喝茶呢。

請學會分辨你身邊的人，是刺蝟，還是高手？

職場辣雞湯／

只想跟喜歡的人工作，那你會有很多喜歡的工作沒辦法做。
人才要習慣被嫉妒，習慣被當作威脅，總比被當成空氣好！

10 別吃職場自助餐，想要好工作必須付出代價

很多人都希望自己的職場是：老闆最好不管事、主管超級不嚴格，工作最好沒有壓力、平常可以偷閒放鬆，下班也可以準時離開、最好永遠不用加班。但同時又希望薪水高、獎金多、年終好、福利棒，卻沒有思考過，一家公司如果是那麼放鬆舒服的狀態，要怎麼給你優於市場的薪資待遇？這些錢要從哪裡來呢？

這就是職場自助餐。

世界上任何一個產業，能夠呈現高度競爭力、產生高獲利，於是可以提供高薪、高年終、好福利的企業龍頭，哪一個不是擁有優秀的管理者加上優秀的團

隊，通過嚴苛的市場考驗才能達成的？這樣的企業一定是充滿競爭的，一定擁有比其他公司更高效且嚴格的標準，怎麼可能會是「舒服」的？

但你不就是得進到這樣的公司，才可能獲得最多的機會，才可能賺到最高的薪資、擁有最好的福利嗎？能讓你賺最多錢的，難道會是那些已經不具競爭力，老闆都擺爛不管事、員工也都在摸魚養老的黃昏企業？

老實說，對自己能力有信心的人，一定會比較想去可以憑實力競爭的職場環境，不然如果公司的老屁股很多，一切都只看年資，能力再好也沒用，只是對自己不利啊！想找輕鬆的公司偷閒的人，多半都是能力不足又不想努力的人，只想找個舒服的地方混日子，這種人的求職目標就不會是找最強的企業、最強的老闆，讓自己用最快的速度賺錢、存錢。

每個人的人生規劃不同，如果對你來說，工作不是你人生的重點，你就是想舒舒服服過日子就好，當然也沒有關係。如果你不是，那你也不用管別人想什

職場自助餐

- **希望** → 老闆不管事、要求不高
主管不要嚴厲、好摸魚
準時下班、沒壓力
- **想得到** → 高薪、高獎金、
高年終、好福利
- **卻沒思考** → 這家公司如果這種狀態
要怎麼給你想要的那一切？
那些錢要從哪裡來？

麼，只要搞清楚自己到底要什麼。職場對你來說，到底是個混時間的地方，還是一個讓自己翻身的路徑？

如果你清楚自己的目標，那就不要吃職場自助餐！

人最怕的就是「不知道自己要什麼」。很多人找工作時，又要穩定、又要高薪，又希望是自己喜歡的事、又希望有成就感，但最好舒適、輕鬆、沒壓力！世界上真的沒這種好事！如果你是這樣的工作心態，你永遠都找不到你心中的夢幻工作！因為你什麼都要，但相對應的代價，你又都不要！

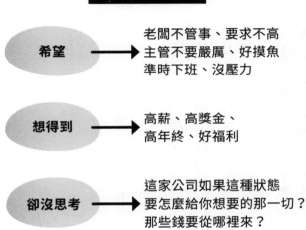

◇你對工作的理想，不應該互相矛盾

有粉絲問我，她的專長是護理和金融，希望能進入企業擔任職護，對公司的期望包括：

一、工作安穩，準時上下班
二、不必每天坐在位置上，有外務、出差外派的機會
三、新興產業，不無趣
四、主管和同事好相處
五、公司穩定、福利好，月薪五萬以上

我告訴她，先把自己的期待列出來一一審視，當然是很好的方式。不過你的這些期待有很多都是相互牴觸的。例如：一和二也許很難同時擁有。你想要有出差、外派的機會，但又希望很安穩、很準時上下班？但出差與外派本身，就經常

很需要彈性，甚至上下班時間很不可控。

而護理和金融，本身就不是新興的產業，工作機會大多是在傳統產業裡，所以如果希望是新興產業或公司裡的護理與金融，工作機會一定較少，這是你要有心理準備的。但機會少，卻不是沒有，如果你很確定自己喜歡新穎且不無趣的地方，就往這個方向堅持，也沒有問題。

只是相對來說，如果是新興產業，甚至是新興產業裡的新創公司，有時候就是因為一切都很新，雖然可能不無趣，但在一跟五的求穩定這件事情上，就會是個比較衝突的期待。大家可以想想，新興產業裡的新創公司，可能一切都很前衛、很測試性、很凌亂、尚未建立規模與規則，甚至只是在摸索商業模式的階段，怎麼會很穩定呢？

總之，這還是一種自助餐，也許真的有符合以上條件的工作，只是我會覺得「相對沒那麼容易」。這裡是要提醒大家，求職時，注意自己期待的條件是否互相矛盾？互相牴觸？以至於你永遠找不到想要的工作，最後就越來越沒有方向。

◇不同的人生階段，不同的需求

不只求職，很多人就算找到工作，還是在吃職場自助餐。我聽過一個案例：有個女生當了五年的總經理祕書，薪資很穩定。後來她結婚生子，想要有更多陪伴家庭的時間，便開始經常抱怨自己的時間都要配合老闆行程、還要經常隨行出差，無論是外縣市或國外，都是臨時說走就走。

她覺得這樣的工作真的很煩、很沒有自由，但又捨不得放棄眼前的高薪，因為如果不是擔任這樣的職位，肯定就沒有目前的薪資了，她只好繼續做下去，搞得她蠟燭兩頭燒，只能每天怨天怨地，怨工作、怨婚姻。

從我的角度來看，其實她根本沒有自己是總經理祕書的認知，也許她本來覺得這是一份很好、薪水優渥的工作，但是在結婚生子後，自己的人生階段已經不同，需求也跟著改變了，她卻不願意去重新盤點，自己現在的生活，適合怎麼樣的工作。

明明擔任一個特殊且重要的職位，卻希望可以擁有普通工作的自由、但不能改變薪資的水準？這不是非常矛盾嗎？

如果決定以家庭為自己的重心，薪資的順位就要擺到後面，不能再擔任這麼高階、高薪的職位，因為你已經沒有這個職位所需要的配合度，又何必勉強自己呢？

簡單來說，就是眼前她的情況，實在是無法做到又要高薪、又要地位，還要有最多的自由！工作應該是隨著你的生活型態，可以有所改變的選擇，你在哪個人生階段，想把哪件事情放到優先順位，是自己要先決定的，然後再去找能配合這個條件的工作，而不能什麼都想要！想清楚這個先後順序，就不會有那麼多怨念，因為工作是你自己選的啊！

◇你的高薪，要用較高的代價去換

除了頭腦清楚，選工作時不要吃職場自助餐，接下來你還要經營自己的「不可取代性」，才能拿到你想要的高薪、獎金、年終和福利，你想要的那一切，當然要付出一定的代價去換！

很多人期待的工作，就是要有明確的SOP，只要照著做，永遠都不會出錯，工作內容簡單不麻煩，更不會有很多變化，不需要一直學新的東西，而且不用扛業績，出點小錯也不用扛責任，更不需要與人溝通，可以默默做自己的事就好了。

當然有很多這類型的工作，但薪資通常不高，甚至經常是最低起薪。因為這樣的工作很簡單，做著重複性且單一的工作內容，不需要你有個人的思考，甚至不需要有解決問題的能力。恐怕做了十年，薪水都不會變，因為工作內容太簡單了，而且這類工作，通常就是未來會被AI或機器人取代的類型。

想要有高人一等的薪資，你做的工作一定沒有那麼簡單，過程中必須加入自己的思考，甚至需要運用自己的溝通能力去面對問題、解決問題，還要和主管維持良好互動，讓他願意把任務交給你，甚至還涉及很多跨部門與外部單位的配合，不然就是需要扛業績、有較高的壓力，這樣的工作通常會是比較高薪的。

這樣的工作類型，往往也是越能夠擁有不可取代性的。不然如果是一份誰來做都可以的工作，公司實在不需要花高薪去培養人才、留住人才。

至於要怎麼提升自己的「不可取代性」？答案就是當「動腦」的人，不要當只是「動手」的人，這個邏輯其實非常簡單，因為勞力太容易被取代，但腦袋與解決問題的能力，就不容易被替代。只是太多人還是習慣選擇「簡單但穩定」的工作，經常沒有思考那麼多。

◇打造老闆「沒有你不行」的理由

你的「手」，任何人都能取代，換一雙手也許都能做。只有你的「腦」，你的思維、想法、決定會有不可取代性，所以我經常一直告訴大家「帶腦來上班」。不可取代性指的並不是「沒有他就不行」，而是指「交給他來做，結果會很不一樣」，公司需要他，是因為有信心他能把事做好、把問題解決掉。

現在就思考一下，你每天上班做的事情，是只要有一雙手就能做了嗎？換別人的手去做，是不是結果也會差不多？如果是的話，你就沒有「不可取代性」喔！你做的事情如果換個人來做，是不是其實也沒什麼不一樣？就算需要重新教學才能上手，新人進來是不是一個月內一定學得會？品質也不會有太大差別？那麼你的工作性質，就屬於可以輕易被取代的類型，薪水通常不會高。

如果你做的事情是必須經過腦袋思考、理解，再加上你的經驗值而做出你個人認為「最好的決定」才能執行的，那就是你的不可取代性！擁有不可取代性的人，做的工作幾乎都需要他個人的決策，他判斷過的事情就是不一樣。如果少了他的判斷，事情很難順利發展，或者就無法出現那樣的品質。

換個人來做，可能要一兩年以上甚至更久，才培養得出來，甚至還未必能夠達到你目前的能力！那麼老闆絕對需要你的這種不可取代性，你的薪水一定是公司裡較高的，甚至是會隨著你的戰績不斷調升的！

所以我會建議你，每天進到辦公室，不要一頭就栽進「眼前要做的事情」裡，而是先思考「這些事情由我來做，會有什麼不同？」把那個由你來做的差異性做出來，經營出你的不可取代性！

職場辣雞湯／

追求高薪？那就當「動腦」的人，不要只當「動手」的人。你的成果跟別人不一樣，你的薪水才夠格跟別人不一樣！

II
PART

給正在累積戰力的你

11 事情做不好，先檢視自己的工作品質

很多人遇到老闆、主管質疑，為什麼這件事情沒辦好？為什麼這個交期來不及？為什麼交代下來的事情你忘記？總是會先提出一堆理由，因為這個、因為那個……，但就是不會承認「問題其實就在自己身上」。

我列出一些職場上常見的失敗原因吧！例如：

- 自己的拖延症以致錯過了交期
- 自己無力進行跨部門溝通，導致結果不對
- 自己執行的時候一知半解，卻又不願意停下來求助

- 自己抓錯了任務重點，所以執行方向完全錯誤
- 這個任務的難度超出了自己的能力，卻又不敢說
- 跟其他團隊成員有嫌隙，不願意好好合作
- 把事情交給自己的下屬後，沒有盡到緊盯的責任，以致品質不佳
- 真的就是疏忽了、一時大意，做錯了！

以上，諸如此類，都是職場上常見的狀況。

而很多人在上述情況下，當被追究責任時，因為擔心自己會黑掉，總是急於說出各種理由，來推卸自己的責任，想強調「不是我，其實是因為〇〇〇」，這樣做，真的就可以讓老闆或主管體諒你、接受你失敗的原因嗎？

其實，厲害的管理者，一眼就可以看出問題在哪裡。所以即便你說了再多理由跟藉口，老闆與主管可能也沒有直接打槍你，只要求你往某個方向調整、改善，他們心中很可能還是很清楚知道「這個人又在找藉口了，總是不願意承認自

己的錯誤」。

雖然事情還是繼續交給你去改善、收尾，你也覺得自己沒黑掉！你替自己的解釋看似成功了，對吧？其實你在老闆、主管心裡的能力與印象，已經大大打了折扣。或許你會覺得，那沒差啊？反正他也沒開除我，也沒降薪、降職，而且事情也還是繼續叫我去處理，根本對我沒影響啊？

別這麼短視近利，你怎麼知道，這樣的工作態度，下一次的重要任務還會不會交給你呢？又或者之後的調薪、升職，會不會就跳過你了呢？甚至，可能你當年度的年終就少一個月了，只是上級不會告訴你，只是希望在不打草驚蛇的情況下，讓你先把負責的專案處理完畢罷了。

◇你評估過自己的能力，到底在什麼程度嗎？

我必須說，「認知自己的能力到哪裡」非常重要，有能力但缺乏權力會是一種浪費，但沒能力卻擁有權力，卻會造成很大的災難！

很多時候，職場上的災難並不是大家以為的那種「爆炸性災難」，更常是我們日常所見的小問題，例如「簡單的任務卻拖很久、一堆事情都卡住無法解決、某個交易一直沒辦法談成、執行出來的成果跟目標不同、一個任務中間頻頻出差錯……」，這些任務無法達成，其實都和執行者的能力有極大的相關。

簡單來說，就是「能力不足，事情才會辦不好！」甚至還會在過程中得罪人或造成公司損失呢。但很多人卻會無視「自己的能力不足」，而老是去檢討因為「別人」、「別的部門」，才害我這件事沒做好。

甚至很多人就是因為自己的能力不足，自然也就「沒有能力去認知自己的能力」，是不是很繞嘴？但建議大家仔細品味一下這句話吧！更白話一點說：就是因為能力差，所以也發現不了自己能力差。

這樣的人事情搞不定，他不會發現問題在自己身上，反而會誤以為「是這次剛好狀況很多」、「商談的對象剛好很難搞定」、「對方不接受，是自己公司開的條件不好」、「不知道為什麼跟想像中不一樣」，總之，事情出包都是因為別的原因，都不是自己可以改變的，他也很無奈！

看到這裡，你可以想想，自己的身邊是不是一堆這樣的人？他總是很無奈，總是怨天尤人，總是很不順利！又或者，這個人，就是你自己？

◇你以為的「不可抗力」，別人來做根本「毫無阻力」

其實很多時候，事實是這樣的：

- **這次剛好狀況很多**：那是因為你沒有事先思考到所有的環節，所以無法提早避免，當然狀況一大堆！
- **對方剛好很難搞定**：那是只有你搞不定！換個人去，也許就不一樣？

- **人家不接受，都是公司開的條件不好**：也許是你欠缺溝通和談判能力？
- **不知道為什麼跟想像中不一樣**：因為你想的本來就不切實際！

很多時候，同樣的事情，我們只要換個人來做，很可能就會產生完全不同的結果：

- **這次剛好狀況很多**：這些狀況都是正常的，都在預期之中，所以早就擬好對策了。
- **對方剛好很難搞定**：難搞是正常的，大家各為其主，出來喬合作條件，當然都是為了自己公司好，這時候的溝通與談判能力是重點，找出互利的方式，最後就能成功合作！
- **人家不接受，都是公司開的條件不好**：也許公司開的條件不是最好，但是與公司合作，其實還有別的附加價值，這都要一起提出來讓對方理解，經過幾次協調，終於成功了，雙方換個方式合作！
- **不知道為什麼跟想像中不一樣**：很多專案執行後，本來就會跟想像中不一樣，所以其實也不用有太多的想像，且戰且走、靈活彈性的去應變才是重點啊！

以上，怎麼換個人來處理，好像一切都順了？因為這個人的能力夠啊！

◇認清自己的能力不足

一個人能力不足的時候，那些讓事情失敗的「不可抗力因素」，他會很難認知到是自己的問題，也會以為「誰來做都一樣，這不是我的問題」，於是就會非常理直氣壯的向老闆、主管報告各種理由。這就是所謂的「盲點」。

但也許你的上級，一看就知道是你的能力不足。該如何避免產生盲點，找不到自己的問題，以至於無法求進步呢？

你可以試著這樣做：

- 先反思自己有沒有可以做得更好的部分，不要急著檢討別人和大環境。
- 找比你強的人或你的主管，虛心求教，先不要說一大堆理由。只要問他對這件事的看法，請他給你一點建議，認為你怎麼做會更好？
- 記取教訓，深入檢討失敗的原因。
- 找到自己的不足後，就趕緊花時間去補足，踢開你的職場絆腳石！

如果以上步驟，你能堅持做到，並且不要玻璃心、不要聽不進強者的建議。正常來講，進入職場後只要三到五年的時間，你會進步神速，擁有彷彿別人十年以上的功力！因為每一件事情、每一個失敗，都會成為你極強的學習案例，快速增加你的經驗值。

◇強者，是怎麼練成的？

那些你在職場上、商場上看到的強者，他們都是這樣做的！從失敗中反思、從失敗中獲取教訓、從失敗中看到自己的不足，然後去改變它！於是他不斷的淬鍊、也不斷的蛻變，不用幾年，他就脫胎換骨，變成一個完全不同的人！

這也是為什麼有時候，多年不見的朋友，或多年才開一次的同學會，你會看到「為什麼有人可以改變那麼多？」、「他的人生好像整個升級開掛了？」

為什麼有些人明明跟你同年齡，他的視野、思維、邏輯，甚至最明確的經濟收入，強過你那麼多？他是怎麼辦到的？

大家都想要人生開掛，快速致富、快速找到成功的捷徑，卻往往不知道，開掛也得你自己來開啊！你不替自己安裝這個外掛程式，誰來裝？

◇陷入盲點，人生浪費好幾年，你有這樣嗎？

永遠看不清現實，永遠不會檢討自己，也因為不知道問題就在自己身上，所以更不會去修正與改善，其實也是很多時候，「同工不同酬」最主要的原因！同樣的工作內容，交給不同人做，完全是不同的品質，薪水怎麼可能會一樣呢？

所以千萬別誤解了「同工同酬」這句話。

職稱同樣都是專案經理，有人薪資六萬，卻有人薪資十萬。

在同一家公司擔任部門經理，有人薪資七萬，卻有人薪資十五萬。

因為他們的能力、執行品質根本不一樣！「同工同酬」這句話本身並沒有問題，只是人們多半把重點放在後面的「同酬」，卻忽略了前面的「同工」！這個同工，指的從來不是「一樣的職稱、一樣的頭銜」，就應該領一樣的薪水。而是你們得「做到同樣的工作品質」、「擁有一樣的產值」，才可以拿到同等的酬勞呀！

職場上有許多人，不在工作品質、實際產值上計較，永遠都在表面的這些

「職稱」、「頭銜」、「我這樣比較累」、「為什麼我就要做什麼什麼……」等事情上計較！當別人交出明確的成績單，換到更高的酬勞時，你還在原地抱怨「為什麼我的付出都不值得？」、「憑什麼他就那麼爽？」

千萬別踏入這個盲點、進入這個雷區！你可能會被困在裡面好幾年！甚至是一輩子！

◇不同薪水的祕書，有什麼不同？

我用過很多祕書，薪資從三萬五到十萬都有，為什麼差這麼多？因為他們給我的是不同的工作品質。舉個最簡單的例子，我要和一位非常重要的人士開會、商談非常重要的合作內容，需要訂一間餐廳，這位重要人士叫：張董。

- 十萬的祕書會問我，對方是誰？對我與公司的重要程度如何？這次預計可能要談什麼事情？老闆有沒有想要哪一種類型的餐廳？西餐？日料？中式？有沒有需要配合對方的飲食習慣？要一般的開放座位就好，還是需要隱密的包廂？要考量地區嗎？離我們公司近？還是要離對方公司近？到時候要安排司機去接對方嗎？

把這些大方向做了基本了解之後，所有後續他來處理！

半小時後，他列出了五家適合的餐廳給我選，並已經排定他個人認為的推薦順序，如果我看了第一家覺得沒什麼問題的話，就可以直接訂位了！

對我來說，我只花了不到五分鐘，大致跟他說了我的需求，就可以得到很順利的結果，這也是為什麼，他可以領這樣的薪資。

• 六萬的祕書聽到，我要跟他不認識的張董開會，可能會說：那我直接訂上次去過的某某餐廳可以嗎？我說不行，要再隆重一點的，因為張董是非常重要的人士，而且還是位前輩。上次那家餐廳只是我們跟平輩輕鬆聚會的餐廳啊！

他只想到可以訂之前訂過的餐廳，完全沒想到，人物不同，地點可能就需要不同。為什麼呢？通常是因為「只想到這樣最方便」、「做之前已經做過的事情，就可以快速完成任務」，但卻缺乏「細節的考量」。很多人做事都是這樣的。

即便告訴祕書這號人物的重要性與年齡，他很可能還是會抓不到對應的地點，而得一再的提出後、換別的，提出後、再換別的，也許最後還是得由我直接找好地點，請他記下以後這樣等級或輩分的人物，就要訂到這樣的餐廳才適合。

這樣的來來回回，可能花費了我一個小時。不過如果他能記住這一次的經驗值，花點時間細思一下，自己一開始到底欠缺考慮了什麼，那麼也許可以獲得能力上的進步。別小看這麼一件小小的「訂餐廳」事情，如果連這種小事，你都很難照顧細節，你確定你能做大事嗎？

- 三萬五的祕書會說，好！沒問題！那老闆想訂哪一家再跟我說，我去訂！

看懂他們的差別了嗎？是不是可以很明顯的分別出A級員工、B級員工、C級員工的思維邏輯呢？

- **A級員工**：清楚自己的職責，會想辦法幫老闆最多的忙，節省老闆的時間。
- **B級員工**：會固定的公式化執行一件事，無法考量變化性。
- **C級員工**：希望別人準備好結論告訴他，他只要做簡單的執行動作。

也因為思維的不同，以至於他們的薪資也有三種等級！

那麼，你想當哪一種等級的人呢？

◇解決問題的能力，才是薪資分水嶺

剛剛講的還只是事情順利的時候喔。事情不順利的狀況，他們的差距就會更明顯了！例如：我指定的餐廳當天客滿了，怎麼辦？

- 十萬的祕書會說：老闆，那家客滿了。我已經聯繫了原本順位上的後面兩家，當晚都還有位子，你看看要不要考慮換其他家？如果還是想要原本這家，我們某某案子合作過的林董，我記得他是餐廳股東，老闆覺得需要動用這個關係嗎？請林董幫個忙？還是訂第二順位的餐廳就好？我來處理喔。

他已經主動找好備案了，還提醒你有個人脈資源可以用。基本上，我每次都只需要說個 Yes or No 就可以了，還是一樣，超級節省我的時間！這種時候，都能感覺到他真是幫了我個大忙！

• 六萬的祕書會說：老闆，你要的這家餐廳客滿了耶！你有想要找其他的餐廳嗎？你要我再找同類型的餐廳，我再打去問看看？

• 三萬五的祕書會說：老闆，這家餐廳客滿了，那現在怎麼辦？

任務同樣都是訂餐廳，同樣都是祕書，解決問題的能力是不是差很多呢？讓老闆操心的程度是不是差很多呢？這就是「工作品質」，所以他們的薪水會完全不同，可以差到三倍！

◇如何拿到高薪？交出你的高品質！

工作品質高的人是這樣的：

• 看出每次對象和專案的差異，快速做出應變，而不是公式化。

• 遇到困難，能主動提出備案應戰。

- 懂得運用手上不同資源，想盡辦法解決問題，達到目的。
- 讓每次經手的專案，成為日後的經驗值。

職場辣雞湯／

有能力但缺乏權力是浪費，沒能力卻擁有權力是災難！
誰都想要人生開掛、快速致富，那也得你自己來開啊！

12 同事超級難相處，其實是你不夠強！

很多粉絲問我，他們在職場上經常遇到愛說閒言閒語的同事、仗著年資什麼都要管的前輩、常常犯錯卻屹立不搖的主管、會情緒失控的老闆，應該怎麼辦？

其實我第一句話都會先問：如果他們那麼爛，你為什麼不走？而往往得到的答案大概就是以下：

- 有試著找其他工作，但都沒有公司錄取我。
- 目前的薪資不錯，找不到更好的了。
- 已經適應這個工作內容，不想再換了。

- 不知道自己還能做什麼，至少這裡很穩定。
- 這是公職，不想失去鐵飯碗。

當你在職場上因為這些糟糕的人，而覺得不甘、氣憤、抱怨的時候，不如先問問自己，為什麼你只能在爛公司，跟爛主管、爛同事相處呢？為什麼你就是不敢直接離職，甩開這些人呢？

如果你很強，你就不會因為這些人頭痛，你絕對有資格讓自己離開這坨爛泥！就是因為你不夠強，才會被這些人困擾，但是又無能為力。你的抱怨，是在抱怨「無力改變現況的自己」。

看到這些先不要覺得生氣，明明是別人的問題，為何我卻要責怪你？先停下來，仔細想想吧！你是不是因為「目前的能力不足」，所以你才會離不開這些爛人？看看上面收集到的「走不了的原因」，幾乎都是因為「沒地方可以去」，不然就是「這裡已經是我可以得到最好待遇的地方」。

如果有其他公司錄取你，就算薪資一樣，為了脫離地獄，你應該還是會走吧？如果薪資更高，你更是會毫不猶豫的離開吧？但為什麼沒有呢？是你不積極去尋找更好的機會，還是你的能力真的無法被其他公司錄取呢？

◇想辦法脫困，不要只是抱怨

當你意識到這一點，就會把抱怨、困擾的時間拿去「讓自己變強」。變強有很多種方式，例如：

- 憑藉自己的工作能力轉職，離開這個爛地方。
- 也可以在原公司升到比對方更高的位置，再也不必受他欺負。
- 培養出第二專長，離開那個產業。
- 即便是公職，透過各種升等考試，可以往上升級或請調去其他地方。

無論哪一種強大，只要能讓你不再被這些人、這些事困擾都好。也就是說，這是你自己的人生，你得替自己脫困啊！

很多上班族老是覺得公司很多事情都不合理，很多同事都很討厭，看到老闆或主管更覺得想吐，每天去上班都覺得很痛苦，但抱怨歸抱怨，卻從來沒有考慮過「可以離開這裡」。談戀愛有「分手困難症」，很多人則有「離職恐懼症」。

其實你不爽的不是公司，是無法改變現況的自己，只是人們不習慣從自己身上找問題。我們真的改變不了那些討厭的人事物，我們只能改變自己啊！真的不喜歡這種感覺，就把自己變強吧！

◇平白無故挑釁你的人，不值得你耗費一丁點心神

在職場上遇到同事閒言閒語，平白無故攻擊你，不妨先想想那些閒言閒語都在說些什麼事情？如果是針對你在工作上犯的錯，既然是自己的過失，遭到一些

負面評論也是正常的。

這個世界就是這樣，當你做得好，別人錦上添花。當你做得不好，別人就會落井下石。所以成功的時候，不要太得意，做錯的時候，我們盡可能去反思、去修正。慢慢的，透過累積與經驗值，讓自己強到別人心服口服！

當然，如果那些閒言閒語都是針對你的私事、甚至是毫無道理的人身攻擊，我支持你向公司檢舉，因為你沒有必要承受這些，這時候也可以看出一家公司對這類事情的處理態度，以做為你是否還要待下去的評估。

至於為什麼職場上總有些人喜歡講別人壞話？說別人八卦？因為那些人自己過得不好，當你過得越出色、越自信、越出風頭，就越會刺傷他們。

貶低他人，能讓他們覺得自己沒那麼糟，他們不願振作，又沒能力改變，於是見不得別人好，養成了「用傷害別人來肯定自己」的習慣。這樣的人真的超可悲！相信我，喜歡躲在暗處或鍵盤後面傷人的，通常現實生活裡都是失敗到不行的遜咖，否則忙都忙死了，才沒有空浪費自己的寶貴人生。

所以，別在意魯蛇的言論了，他們只是不懂得檢討自己，只想將自己的不順遂怪罪到別人身上，尤其是那些令他們羨慕嫉妒、過得比他們好的人，有時候剛好是你罷了。如果你不夠好，就不會是他們的目標，所以千萬別為了這種人懷疑自己，看見他們的可悲，輕輕嘆口氣，繼續大步往前走，自己問心無愧就好。

◇抱怨無法換來你要的生活，改變才會

每次我這麼說，總會有人說：「但我同事真的很……」、「但我老闆他每次都……」、「但我真的看不下去……」，繼續抱怨、繼續不平。你的心思都浪費在那些無聊的人身上，難怪沒時間強化自己！

請先理解到，我們自己、我們的工作、理財方式和想要的伴侶，這些都是

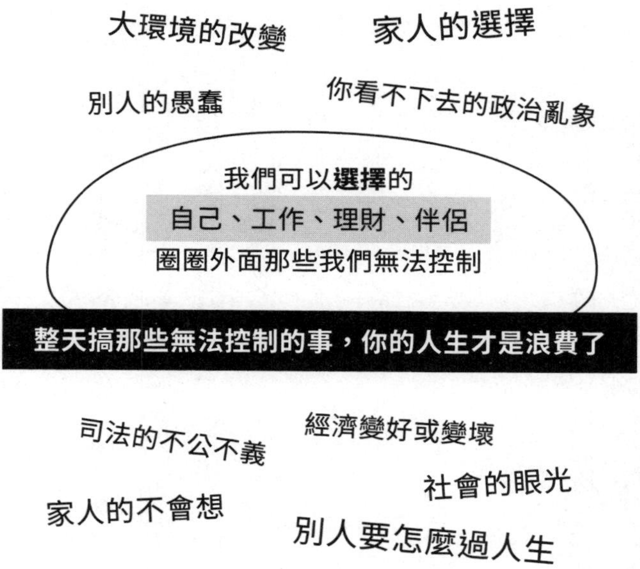
大環境的改變
家人的選擇
別人的愚蠢
你看不下去的政治亂象
我們可以選擇的
自己、工作、理財、伴侶
圈圈外面那些我們無法控制
整天搞那些無法控制的事，你的人生才是浪費了
司法的不公不義
經濟變好或變壞
社會的眼光
家人的不會想
別人要怎麼過人生

我們「可以選擇」的。而其他例如：大環境的改變、家人的選擇、同事的情緒、別人的愚蠢……等等，這些則是我們無法控制的！如果你不把人生的重心放在「我自己可以控制的事」，而是整天沉溺在那些「自己無法控制的事」，你的人生才是浪費了！

職場上有兩種人，一種是喜歡抱怨，但不願花時間改變，只要逮到空閒，就聚在一起罵公司、罵主管，簡單來說就是抱在一起互相取暖。雖然吐完苦水，感覺好多了，又能回到工作崗位過一天是一天，但這樣的人往往多年來都停留在同樣的位子，薪資也不會調升。

而另一種人，他知道抱怨完全是浪費人生的行為，懂得遠離喜歡抱怨的負能量同事，寧願花時間尋找正面的方式去解決問題。這樣的人或許不會贏得辦公室裡的好人緣，但他很清楚，工作的目的本來就不是為了交朋友，他寧願選擇堅定的往自己的目標前進。

你是哪一種人呢？

職場辣雞湯／

當你很弱，去哪裡都一樣危險，當你很強，去哪裡都一樣能抵抗。
你抱怨的其實不是公司，是對現實無能為力的自己。

13 交朋友不等於經營人脈！提升自己才能累積你的人脈存摺

出社會之後，很多人都發現「人脈」的重要，但「人脈」到底是什麼？「人脈」究竟要怎麼經營呢？

很多人都說因為個性的關係，雖然知道要經營人脈，但不習慣主動聯繫別人，也很難與人深交；又覺得為了經營人脈去認識對方，好像不夠真誠，而且勉強自己去交朋友實在太痛苦，常常為了這些人際關係感到很困擾！

◇經營人脈跟交朋友完全是兩回事

首先，經營人脈跟交朋友，從來就不該劃上等號！

交朋友需要的當然是真誠，「真誠」是一種不計較付出的「感情關係」，我們之間的互動是出於和你相處很開心、跟你有很多話題可以分享，彼此沒有利益關係，就算平時沒有太多時間常常聯繫，還是會想要關心彼此的近況，見面之後也不會覺得生疏，這才是「真誠」！

但是，「經營人脈」就不一樣了。這是一種彼此期待回報的「商業關係」，重點不是因為雙方的相處感受，而是彼此期待有利益互惠，能帶來雙贏的成果，也因為如此，這樣的關係平常就要懂得維繫，空白三年才突然冒出來聯絡，對方哪會願意理你？

看到這裡，也許有人會覺得，經營人脈也太虛假了吧！不就是討好、拍馬屁？為了利益就要這樣嗎？如果你也這樣想，那就誤會大了，因為你根本完全不了解商業的本質，甚至這麼厭惡它，你在商場關係上一定很失敗。

把交朋友和經營人脈搞混的人，往往沒有從這些「朋友」身上獲得什麼好處，更別說是商業上的利益，雖然看起來認識很多人，常常一起聚會交流，一個介紹一個，以為這樣累積人脈就等於累積錢脈。雖然每天看似生活精彩、交遊廣闊，局超多、朋友超多，誰誰誰都是他的朋友，但自己卻前途不明、口袋空空。所以，真的不必羨慕這樣的人。

真正的人脈，不是那種每天都會約你出去的朋友，而是你們彼此認識，也知道對方手上有哪些資源，你們可能未必交情超好，但當你需要他的資源時，向他開個口，他通常會願意幫你的，才叫做人脈！

◇當你開口、對方願意回應，才叫做真正的人脈

不要以為換到名片，對方就成為你的人脈存摺，誰沒有厚厚一疊名片？說穿了，那疊名片裡很多都只是「你認識他」、「吃過飯」、「見過面」的人，但當你真的需要資源時，他根本不會理你。你以為自己平常有在經營人脈，其實你根本不懂人脈是什麼。

對很多人來說，我可能是他們眼中「有資源的人」，所以會被視為「人脈」，但真的是這樣嗎？如果你認識我，我也認識你，我們在某些場合遇過，也交換過名片，又或者你曾經是我的員工、我的合作廠商等等。有一天，當你因為某件事情需要我的資源，無論是我的協助、知識、引薦、合作等等，當你向我開口，我會理你的話，我才是你的人脈；如果我不會理你，當然就不是你的人脈。

為什麼我會不理你呢？因為我不可能誰都理呀！請思考一下，你是誰？你平常和我是什麼關係？你有在經營我們之間的關係嗎？為什麼我一定要提供你協助呢？只因為我們見過面、換過名片？不可能嘛！在職場上有人脈觀念很好，但真的不像很多人以為的那樣，有認識就叫人脈？一起出去過就叫人脈？別傻了！

尤其是從事保險、業務、直銷產業的人，很容易模糊了朋友、客戶、人脈的界線。因為他們的朋友可能也是客戶，有的客戶最後也變成朋友，但一個弄不好，連原本的朋友都沒了。或者對方其實是人脈，你卻硬要把他當朋友，忽略經營人脈關係，最後都是自己的損失。

我建議大家，打開你的手機通訊錄，一個一個檢視名單上的人，自問這個人和我是感情關係，還是商業關係？先分清楚他們之於你是什麼，你才會真正理解誰是你的一般朋友，誰是你的人脈。

那麼，有沒有既是朋友，又是人脈的？當然有，但絕對不多，很可能是個位數。你可以再區分一下，他們或許原本和你就是朋友，因為他們在某個領域很優秀，所以剛好也是人脈。或者他們一開始是你刻意經營的人脈，相處久了，彼此氣味相投，慢慢變成朋友關係。

再細想一下，如果你們原本就是朋友關係，你常常利用他能提供的價值，有一天用不到了，你們還會是朋友嗎？如果你們原本是商業關係，只是後來多了朋友的情誼，當利益關係消失時，你們還會是朋友嗎？

如果你搞不清楚對方到底是人脈還是朋友時，請用這樣的思考方式，去釐清對方之於你到底是什麼？至於你之於對方是什麼，又是另外一件事了。

一直搞不清楚什麼是人脈、什麼是朋友的人，別傻傻以為自己有在經營人脈了！這就像你根本不懂得單字的意思，卻要用單字寫作文一樣，只是在瞎搞。如果你真的有心好好經營你的「人脈存摺」，請務必先分清楚誰是人脈？誰是朋友？接著請好好提升自己，要有可以跟別人交換的利益，否則你對別人來說什麼也不是，誰要理你呢？

職場辣雞湯／

不計較付出的是「朋友」，互惠雙贏的是「人脈」。唯有開口時對方願意回應，那才是你真正可用的人脈！

14 老闆總是朝令夕改？你還沒跟上他的腦迴路

很多人在職場上都會遇到老闆朝令夕改、公司政策一變再變的狀況，然後抱怨老闆想法不明確、反反覆覆、說話不算話。

為什麼老闆的心這麼難懂？

◇老闆反反覆覆？先思考這些可能性

首先，先想想自己在回報工作進度時，有沒有說清楚？你提供的資訊是不是不夠確實，導致老闆下了片面的決定，最後卡死自己？其實有可能是你害人害己，卻覺得是老闆態度反覆。

如果是這個情形，最該學的就是：向上管理。你得用最有效率、最簡單的方式，讓老闆掌握確切情況，幫助他甚至引導他做出適當的決策。接下來你只要負責執行決策，就不必常常收拾爛攤子、搞死自己。

第二，老闆昨天有明確的想法，今天卻又變了，為什麼？可能是因為市場變了，也可能是重新評估原本沒有考量到的細節，不斷滾動式調整。更可能是他又接觸到最新的資訊、接收到其他重要夥伴的建議，因而改變了他的想法。如果是這樣的朝令夕改，也許是應該的、正確的。

其實有很多產業都需要如此「朝令夕改」，也就是「快速改變政策、跟上風向」，例如：媒體、時尚、廣告、公關、網路相關產業……等等，在這裡都是很正常的事。老闆與高階主管這群人，除了獲得資訊的管道更多、更廣，他們的學習能力與進化速度，通常也比一般人快，所以可能會一直改變決策。

我認為只要是為了公司好的改變都是可以的，不過如果是「老闆個人沒想法」、「缺乏主見」、「不喜歡做決定」、「耳根子很軟」、「情緒管理有問題」，才經常左右搖擺、政策反覆，就比較容易造成整個團隊的內耗，當然就不是一件好事了。

大家千萬要先判斷清楚，自己遇到的狀況是什麼樣子，如果是老闆的個人問題，也別傻傻的委屈自己配合到底。

第三，也有可能老闆的想法沒變，只是他換個說法，用不同的方式讓你理解，或者底層的邏輯根本沒變，只是做法上有一些微調，你就覺得不一樣了。這種狀況，我自己蠻常遇到的，例如：我跟某個部門的小主管說了某個要執行的決策，後來看他執行的方向不太正確，又找他過來，換個方式跟他再說明一次，希望他調整執行的方向。

結果，他卻認為：怎麼明明昨天說要這樣，今天就又改了？害我要重做，真的好煩！（笑）其實，是你一開始就誤解了，老闆只是在幫你調整執行的方向，阻止你做錯事、避免產生錯的結果而已啊！

這樣的情況，往往都是溝通上的落差，很可能以老闆的程度，他覺得已經講得很清楚了，但你並不夠理解他的意思，卻又沒有問清楚、把你要做的執行內容跟老闆核對清楚。如果你發現自己經常聽不懂老闆在說什麼，缺乏共同語言、經常產生誤解，請盡快提升自己、跟上老闆的腳步，才能避免出錯。

◇指令要多清楚，取決於你是哪個位階

很多人抱怨老闆講的東西不清不楚、模稜兩可，根本不知道該做什麼，怎麼辦？我覺得這要分幾種情況來討論。

或許很多老闆，真的就是表達能力不好，不懂得如何交代事情，也可能重要

的關鍵卻忘了說，甚至自己講了可能也忘記，又或者他其實還搞不清楚，什麼樣的事情應該要交代給什麼程度的人。畢竟老闆也分很多種，他是否擁有足夠的經驗值也很重要。

現在我們都先跳過「老闆本身有問題的情況」，如果實際上他們並沒有問題，而你又覺得他們總是模糊不清，這可能會是什麼情況？

如果你是菜鳥、工讀生，你通常會拿到明確的指令與ＳＯＰ，但也許你領的也是最低時薪，且工作內容會偏向簡單、重複性、低錯率。

而如果你在職場上已經工作了五年以上，而且是在同一個產業或類似的領域裡，你卻還是需要「非常清楚的ＳＯＰ」、「非常清楚的執行細節」、「每一件事都要手把手教你」，只要稍微沒有提到的部分，你就會出錯或卡住，完全沒辦法自己思考一下、轉換一下，去解決執行上的簡單問題，那你或許永遠就只能領離最低起薪不多的薪資，很難往上爬。

看到這裡，希望你已經了解我要表達的意思。

如果你早就不是職場菜鳥了，已經擁有一定的工作經驗了，並且還是在已經熟悉的領域裡，你應該擁有足夠的經驗值，去完整化、細節化執行老闆給你的指令，並且能夠解決執行過程中的阻礙與困難，才能夠漸漸提升你能負責的任務難度，當然你的位階與薪資就有機會不斷提高。

當你不是新人、不是菜鳥、不是剛轉換跑道的新同學，真的不要期待老闆應該鉅細靡遺的交代你每個細節、每個步驟，順便再提醒你可能會做錯的地方，他幾乎得從頭到尾做一次給你看。這樣老闆只會覺得：「算了算了，乾脆我自己做比較快！」那麼他還需要你嗎？

老闆的世界很大，想法每天都在變，如果你老闆是個優秀的工作者，你也希望挑戰高薪、高職位，記得努力跟老闆的想法同步。如果你是個能力普通的人，我認為和老闆產生共同語言至少需要三年時間。如果你是天資聰穎的菁英，大概也需要一年左右的密集接觸，這一切都是需要時間的。

你可以向表現好的同事學習、快速找到和老闆共同的語言和默契，並且習慣在你執行之前，先直接說出自己打算怎麼做。這些都是提升自己、並且能夠提早確認自己想法是否正確的方式。

◇讀懂老闆，了解老闆的心思和口味

了解你的老闆是哪一種人，這是你的功課。了解他喜歡、他需要的工作方式，也是你自己的責任。這是幫他，也是幫自己。當老闆很需要你時，感受到和你合作很有默契，你的薪水就不會低。如果你總是讓他感到困擾，又經常提供錯誤資訊、讓他下錯決定，你就很難上位，因為他光想到你都覺得煩。

有位粉絲告訴我，他曾經爭取內部升遷的機會，但最後主管沒有選他。後來打聽得知，主管覺得他「太精明、太難駕馭」。我告訴他，其實了解對方的口味很重要，有些主管可能不喜歡太銳利的下屬，那你就不要鋒芒畢露、功高震主，而是要讓他覺得「我的能力可以為你所用，請好好使用我吧！但是記得幫我升職加薪喔！」（笑）

不過如果你就是想找個地方好好發揮所長，覺得隱藏自己會有壓抑感，那麼你也可以換個地方、替自己換個主管看看，是不是你的精明、你的戰力，真的可以上場打仗？還是只是年輕氣盛，到處得罪人？實際做起事搞不好沒有看起來的那麼犀利、那麼有用？這都是你自己要去驗證的，才能真正的了解自己。

還有另一個粉絲的實例：他的主管很愛敷衍，即使已經準備幾個提案讓主管選，常常還是給出很模糊、彷彿沒有答案的答案。這時候就要反思一下，為什麼主管要敷衍你？原因可能是什麼？我會說，有些主管就是懶得思考，有些主管就是沒有答案，有些主管就是不擅長做決定。不一定是他故意給模糊的答案，而是「他也不知道」，你傻傻的狂追答案也不是辦法，他只會覺得你很逼人。

依我的經驗，這樣的老闆或主管，要嘛可能需要多一點時間，要嘛可能需要有人幫他做決定。例如他可能很喜歡那種會說出：「老闆，那我們要不要這樣這樣，要是不行我們再那樣那樣，好不好？」的下屬！如果你能成為這個人，他可能會超愛你的！所以先搞清楚主管是怎麼樣的人吧！否則你很可能根本就在沒事找事，做什麼都會碰壁啊。

如果你的主管只想要安逸度日，你卻積極過頭，丟出一堆創新提案，就會讓他很有壓力，因為你會造成他很多麻煩，說不定還會被他的老闆發現他很懶散。反過來也一樣，他想衝，你卻廢，而他想廢，你卻衝，你都會是他的絆腳石。所以，記得先搞清楚你的上級主管，也就是你真正的老闆是哪一種人，不要阻礙他想做的事情，自己的職涯就會順一點。不過，還是要補充一點，如果你不認同他，那就早早離開，幫自己換個看得上的老闆吧。

◇如何了解老闆？該怎麼做？

要怎麼了解你的老闆是哪一種人？怎麼知道他喜歡哪一種工作方式？答案就是多和老闆聊天、互動啊！

找老闆聊天並不是「直接問他怎麼做」，也不是「平時去跟他匯報工作」，而是和老闆在工作以外，也能保持日常的互動，才能有機會了解他的想法、清楚他的價值觀。

很多人會跟老闆不同步，通常都是因為你們的價值觀不一致，他認為你的判斷是錯的，你們對重要性的選擇是不一樣的，甚至連做事的順序都是不同的。建議多去學習「如果是老闆，他會怎麼想」、「老闆希望的做事順序會是什麼」，先做老闆覺得重要的事，而不是自己覺得重要的事。這些點其實都很簡單，但大多數人都做不到，原因是「根本沒想過要先跟老闆同頻」。

你在談戀愛的時候、跟曖昧對象相處的時候，很可能整天處心積慮的想要知道「對方在想什麼」、「對方喜歡什麼」、「對方是什麼人格類型？」、「要怎麼跟對方找到共同話題？」，你怎麼都不對可以決定你薪資、影響你職涯的老闆這樣做？你絕非做不到，只是有沒有起心動念而已。

有人說，可是我只是菜鳥，不知道可以和老闆聊什麼啊！你的老闆也是人，你們之間不會只有工作可以聊啊！你有沒有試著探索過，如果拉掉老闆的身分，你的老闆是個怎麼樣的人呢？你不必真心喜歡老闆，但我建議你可以把「多了解他」也當成工作內容之一，畢竟這會對你的職涯很有助益，這個投資絕對划算。

很多人想到要找老闆說話，就立刻覺得：「天呀！也太可怕了，算了啦！」、「我不敢跟老闆聊天，太尬了！」、「一定要嗎？平常閃他都來不及了。」

嘿！如果你習慣逃避老闆，那你一直沒加薪、一直不受重視、一直對未來感到茫然、一直覺得不受重用、口袋的錢總是不夠用，真的也只是剛好而已喔！因為你其實是在逃避，可以幫你增加財富的直接關係人啊！

不要害怕和老闆說話，這是必要的工作技能，如果你連被老闆記住都有困難，你要怎麼脫穎而出？先被老闆記住、讓他叫得出名字，這才是贏在起跑點！如果老闆主動想找你說話，千萬別逃避，應該把握機會，爭取可以被重用的機會。

希望大家都能先找到一位自己認同、願意追求的老闆，然後成為你老闆的得力助手，了解他、認同他、幫助他，也踩穩自己的職涯！

職場辣雞湯／

讓老闆成為你的墊腳石，而不是絆腳石。
和老闆保持良好互動，搞懂他的價值觀，才有機會上位！

15 邀功不要搶功，自己是團隊的一部分

我常對員工說，你們做了事情要懂得邀功，幹嘛默默付出啊？當然是要來刷一下存在感，你才有能見度啊！做了什麼對的事情就要讓我知道，我才知道要加薪給誰。我不要你默默做事、埋頭苦幹，我希望你多賺一點錢啊！這才是你來職場的目的。

我也經常在IG、YouTube的職場經，告訴大家要經常對老闆主動回報，這就是最簡單達到邀功的一種方法。尤其如果你的職位比較不容易被直接看到表現、時常被大家忽略，例如後勤單位，或者你只是很多同事裡的其中一員，更要懂得技巧性邀功。

什麼是技巧性邀功？要怎麼做才能「看起來不像在邀功，其實在邀功」呢？很多人都抓不到訣竅，一不小心就變成在討拍、討功勞。其實關鍵重點在於你邀功時的「態度」。

錯誤的示範：我今天搞定了一個客訴的奧客，超累的，他真的有夠麻煩，花了我超多時間。我還做完一個活動企劃，這個也是超複雜的，我都一個人要弄這麼多細節，但我還是完成了。後來我又發現一個系統障礙，真的是快把我忙死了！

↓你做了很多事，可是裡面卻也包了不少的抱怨？你又想要邀功也想要討拍？到底想表達什麼呢？聽起來就是怪怪的。

正確的回報：老闆，跟你報告一下，我今天處理並排除了客訴，本月的活動節慶企劃已做完，再請老闆過目，若需要修改或調整，請再跟我說。處理過程中剛好發現了公司系統的障礙，我已通知系統部門處理，後續是否解決，我會再跟老闆回報。以上，是我今日工作內容，讓你知悉。

↓用回報的方式呈現自己的成果，態度大方、就事論事，沒有多餘的情緒與抱怨，就不會有炫耀、討拍甚至訴苦的問題。

這個簡單但又投資報酬率超高的小技巧，你一定要學會啊！

◇邀功不等於搶功

還有要記得，你可以向主管邀功，但不要跟主管搶功！

很多人總是對主管充滿敵意，認為他搶了自己的功勞，明明事情不是他做的，為什麼是他受到老闆的讚賞？

也有很多人喜歡跟主管比較，覺得「我做的事情明明比主管多」、「主管常常偷懶不做事」、「事情都是我在做，為什麼卻是主管的功？」，其實這些想法都是沒必要的。

不要覺得主管應該跟自己做一樣的事，他用你這個人，把你擺在這個位子，讓你做每天的例行工作，確保你做的方向與內容是對的，確保你的工作效率是合理的，還要判斷是否需要繼續用你這個人，這些才是主管該做的。

主管是「小將」，你是「兵」，當「將」的人，不應該像兵一樣什麼事都自己來。主管是來管理團隊、指揮團隊，甚至調兵遣將的，身為主管要有知人善任的技能、解決問題的能力。他的責任是找到合適的人來解決問題，而不是老是自己跳下去「執行」，所以主管做的事情本來就應該跟你不一樣，如果他都跟你做一樣的事，還領主管的薪水就不合理了。

也千萬不要以為主管沒有親力親為，為什麼還可以搶你的功勞？因為如果是你犯了錯，是主管要被他老闆究責，所以你有功勞自然也是主管先被讚賞。所以別再把你的主管當成平輩去競爭，你的對手根本不是他！

一直糾結在主管搶功，只是會讓你困擾一輩子的超級大迷思。

◇老是對主管不滿，先想清楚自己怎麼了

以我自己當例子，我是整個集團的CEO，難道我要對我上面的老闆，也就是董事會說：「這個是我下面的誰誰誰做的、那個也是我下面的誰誰誰做的，其實這些都不是我本人親自執行的」，這樣合理嗎？本來大部分事情就不會是我親自執行的呀！

我的角色本來就是領導團隊、負責公司的重要決策，我先下了決策，定義了方向，後續的團隊才有辦法執行呀！我的老闆只會在乎我營運整家公司的確切績效，要求我對這一切負責，所以從來不存在我與下屬搶功的問題，因為這根本不是重點。

你不如冷靜想想，為什麼你會這麼討厭自己的主管？為什麼會一直覺得自己的功勞被他搶走？為何無法安安心心的支持著他？原因是不是他做了很多你無法認同的事情，所以才會一直把重點放在這裡？

例如，你的主管，每次出了什麼事情，被上面究責，就推下面的人去死？從來不自己扛下責任？甚至根本就是他自己出的包、下了錯誤指令，卻還推給執行的你？甚至他就是薪水小偷主管，根本作威作福、啥也不做，讓你總是孤軍奮戰？才會讓你覺得，既然責任他都不扛，那麼功勞他也不該搶走？

如果是這樣的話，你在一氣之下想要離職以前，建議先找人事部呈報！因為他並沒有擔負起主管應有的責任，而是把問題往下丟，有好事又自己爽，這樣的主管肯定是不能跟的。既然你都想離職了，不如就向公司呈報吧！如果公司不處理，再離開也不遲。

◇主管是一個團隊的代表，請和他並肩作戰！

如果你是主管，也請記得你的團隊表現就等於你的表現！做得好，你先被老闆賞，做不好，也是你先被老闆罰。當團隊出了什麼事情或績效不好的時候，其實主管沒有資格跟老闆說：「這和我無關，是我下面的人做錯了。」

你既然是團隊的領導者，功是你，過也是你，這樣懂了嗎？

身為主管，好的壞的都是你承擔，有功勞表現，你替大家爭取更好的待遇，團隊犯了錯，你帶著大家一起調整。但也確實有一些主管不會扛過，而是直接推給下屬。

身為老闆，就不應該讓主管這樣，應該要告訴主管：「你下面人的問題就是你的問題，不要再跟我說是誰誰誰沒弄好，是你要教好、管好這些人，確保他們做對事情，不然我要你幹嘛？」這才是管理邏輯正確的老闆。

有人問，如果遇到某個錯誤是主管自己沒有事先掌握而導致，是主管的規劃出問題，出事了他又賴到自己頭上，自己應該吞忍下去，為大局著想嗎？

我認為要先看是什麼狀況，如果主管直接就把錯誤推給你，讓你莫名黑掉，那這種主管當然不能跟。但如果主管知道錯在他，跟你商量、要你這次幫忙扛下，那麼這可能就是你對他的「價值」。

這時候你可以思考看看，你要是能幫主管背這次的黑鍋，對你可能會有什麼好處？以後跟他的關係會變成怎樣？對自己的未來有沒有利益？這個可能比較屬於「職場暗黑學」，會有利益交換、各取所需的部分。

其實職場聖經電影《穿著ＰＲＡＤＡ的惡魔》，裡面有演過，記不記得？惡魔老闆犧牲了光頭總監，保住自己原有的職位，不然她差點要被董事會換掉了。本來光頭總監應該要升官卻落空了。失望的同時，他無奈的說：「沒關係，她會補償我的。」

確實，你的老闆欠了你這一次，也就是你救了他一命，如果他不是個忘恩負義的混蛋，那麼有機會他確實會報答你的，本質上這是一種利益交換。以電影裡的情況，甚至還可以理解為，老闆還在、你才在，如果老闆離開，可能整個她的人馬也要全數離開，你也一樣要打包走人。

職場辣雞湯／

主管是「將」你是「兵」，將做的事當然跟兵不一樣。
技巧性邀功，是報酬率最高的職場自我投資術！

16 年終不是公司欠你的，職場本來就是論功行賞

每到年底，就會收到很多關於與年終相關的問題，有些人年終不錯，有些人年終不優，有些人根本不確定公司會不會發年終。

嘿，你對自己的薪水和年終滿意嗎？先給大家一個正確的職場觀念，無論你是員工或創業者都可以參考：

- **本薪**：是你做好分內工作對應的薪資。
- **加班費**：是你超出正常工時應該得到的報酬。
- **年終**：是給有戰功的人，不是每個人應該「平均分配」，簡單來說就是「論

功行賞」！

當然，有些大型上市公司或大型企業，因為營業規模極大，所以會用公司整體獲利，直接依照職等分配給所有員工，也因此你會看到有些公司，一發年終就非常優渥，那個數目讓你超級羨慕！但畢竟這不是中小企業的運作邏輯，如果你追求這樣的發年終邏輯，那你就要把求職目標放在大型上市公司。

至於中小企業，大部分的發薪與發年終邏輯，都是來自於你做的事對公司的績效、獲利越有幫助，你的功勞越大，年終就越多。年終不是用苦勞換的，也不是用工時換的，更不是公司欠你的。請思考公司有沒有因為你而賺更多錢？如果有，這才是你的戰功！

身為員工，如果你能滿足企業、老闆、主管的需求，在對的地方表現出績效，自然能夠步步高升，獲得更高的薪資。但如果你老是想著，要我做事就先拿錢來換，不然我不做，然後做事時又只想著怎麼交差了事、能混就混，而不是想辦法做到讓老闆滿意、解決企業問題的話，你永遠都是不被重用、薪資很難提升的那一群人。真的不是你運氣不好，是你的心態阻礙了你的前（錢）程。

想要加薪、獲得更高的年終，要怎麼達到？很多人明明就想要賺更多錢，卻老是做著完全背道而馳的事情。例如想加薪，卻不想做公司希望他做的事，不願意去做對公司很重要、但你可能不喜歡的事。你想從他人身上得到利益，但你卻不想提供對方想要的價值，這個邏輯合理嗎？

實際上，拿高薪的人都是先做出好的表現，薪水才緊接著跟上的，先證明自己的能力，值得拿到那樣的薪水！

想在一家公司賺最多的錢，你一定要先分析這家公司最需要的是什麼？你能否針對這些需求做出貢獻？這個貢獻自然就能夠換到錢。其實道理極其簡單，卻超多人想不透、鬼打牆！

升官發財最簡單的就是，滿足公司的需求，它需要你幹嘛，你就幹嘛。而且要做出由你來做的「差異性」，也就是你做得比別人好，讓公司不能沒有你、依賴你、需要你！努力創造出最高的個人價值，這個時候無論是公司想主動幫你調薪，還是你開口爭取更高薪資，都不是難事啊！心態正確，事情就不難。

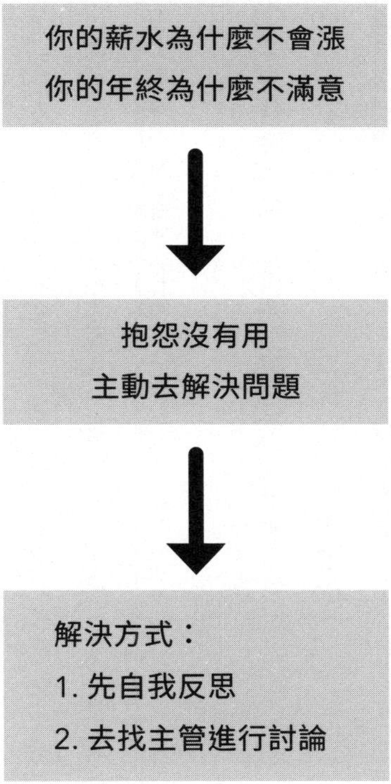
你的薪水為什麼不會漲
你的年終為什麼不滿意
抱怨沒有用
主動去解決問題
解決方式：
1. 先自我反思
2. 去找主管進行討論

◇不滿意薪資或年終，你可以先這樣自我反思

如果你對薪資、年終不滿意，那請務必做一些改變。想想為什麼你的薪水不會漲？為什麼你的年終比人家少？與其整天抱怨，不如自我反思，主動解決問題。你可以思考以下這些問題：

- 主管交代完事情，你常常漏掉或忘記嗎？
- 你做完事情會回報嗎？還是都要主管去追你？
- 老是主管問一點、你講一點，有時候又一問三不知？
- 你需要主管一直講重複的邏輯、觀念、問題嗎？
- 你常常誤解主管的意思嗎？每次都是出錯才說：「喔，因為我以為……」
- 你分內的工作，主管常常跳下來幫你完成嗎？
- 你做事情夠謹慎細心嗎？總是要主管大幅修改，甚至還要幫你挑錯字？
- 主管糾正你時，你的態度良好嗎？會不會找一堆理由呢？
- 你會在執行前先跟主管確認方向嗎？還是每次做完才發現方向根本錯了？

- 你有留時間讓主管確認嗎？還是每次都在最後一秒趕鴨子上架呢？
- 你的工作內容，有達到明確的績效嗎？還是你自己都不知道自己對公司的貢獻是什麼？
- 你對老闆、主管來說，是個能自己完成任務的人嗎？還是令人擔心的麻煩人物呢？

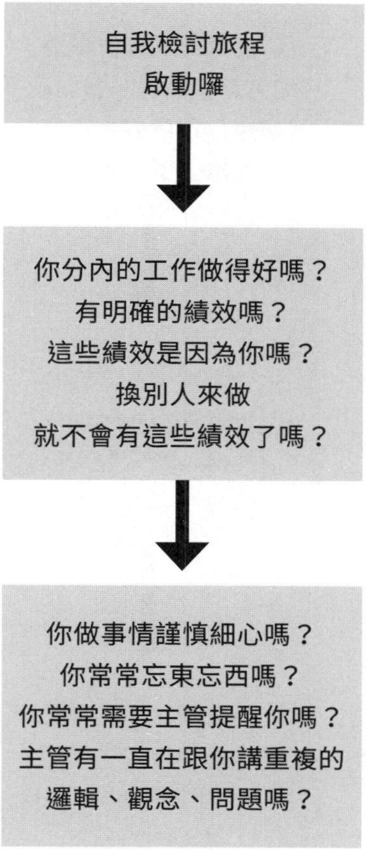
自我檢討旅程
啟動囉
你分內的工作做得好嗎？
有明確的績效嗎？
這些績效是因為你嗎？
換別人來做
就不會有這些績效了嗎？
你做事情謹慎細心嗎？
你常常忘東忘西嗎？
你常常需要主管提醒你嗎？
主管有一直在跟你講重複的
邏輯、觀念、問題嗎？

你分內的工作
你主管常常跳下來幫你做？
例如：總是要大幅修改？
例如：你的大方向就錯了？

主管甚至還要幫你想企劃？
還要幫你挑錯字？
要不要乾脆都寫好給你？

甚至你還覺得
如果主管每次都不滿意
每次都要改那麼多
又那麼愛念
他幹嘛不自己做？

主管交代完你事情
你常常會漏掉、忘記嗎？
都是你在提醒主管事情
或都是主管在提醒你？

你做完事情會回報嗎？
還是都要主管去問你？
老是問一點、你講一點
有時候又一問三不知？

你常常誤解主管的意思嗎？
每次做出來錯了才說：
「哦～因為我以為……」
然後你還覺得
為什麼他都不講清楚？
才害你誤解？

剛剛那些務必停下來
好好想一想喔！
我們繼續囉！

↓

主管糾正你的時候
你的態度良好嗎？
你會講一大堆理由嗎？
你會責怪別的部門嗎？
千錯萬錯反正不是你的錯？

↓

你會向主管發問嗎？
還是每次都做出來才錯了？
你會在做以前
先跟主管確定方向嗎？
你有留時間讓主管確認嗎？
還是每次都趕鴨子上架？

以上的自我反思旅程，大家也許可以用來對照，自己可能有什麼問題。如果你對薪水或年終不滿意，以上每個問題一定要先誠實跟自己對話，再去檢討別人、檢討公司。

畢竟如果你有上述這些問題，都是在告訴公司，你對公司沒有那麼高的價值、甚至還讓公司很困擾，只是不至於不能用，但也不是一個非常好用的人，當然薪水、年終就不會太多。

如果你很希望被公司重用、想賺更多錢、想在職場上成為更重要的角色，就不要再用這些方式釋放出錯誤的訊息。大家檢視一下自己每天上班的樣子，其實傳達了什麼樣的訊息跟形象給公司呢？

◇靠自己，明年就拚出漂亮年終！

相反的，如果能養成以下工作習慣，你一定能加薪，年終也會更豐厚！

一、主動回報手上處理完的事情，不要等老闆追問才要講，也不要覺得反正事情很順利就不用回報，否則根本沒人知道你做了什麼。

二、對工作的執行度要高，交代給你的事就要做對、做好，你就容易步步高升。相反的，如果你的完成度只有六〇%到七〇%，回報又做得零零落落，一定很難被重用。

三、每次被糾正或被要求改善，很快就能做出差異與進步，然後主動回報成效和改變，老闆就會知道你升級了，而不是停留在對你的舊印象。

四、經常展現配合度、積極度，讓人覺得「有你真好」。如果你表現平凡，態度又不積極，也看不到什麼配合度，只會讓人覺得「可有可無」。

五、保持你的穩定度，不要時好時壞、起起伏伏，讓人覺得很不可靠。給人安全感很重要，你值得信賴，才能得到更重要的工作與權力，才有資格拿高薪。

對公司來說，加薪、獎金、年終，就是對員工最直接的肯定。

你知道嗎？其實每件事情、每個人在老闆心中都是有個價碼的，例如：這個人永遠不會給我添麻煩、這個人總是幫我省時間、這個人能處理爛攤子、這個人可以解決某些棘手問題、這個人有特殊專長必須珍惜……等等。這些重要特質可能月薪就值得比別人高，或年終值得多給N個月，更不用說這個人如果很明確能幫公司賺錢或幫公司省錢，他的價碼當然就高。

職場不是一個講感情的地方，不是你覺得自己很辛苦，公司就應該要給你錢。職場是一個「論功行賞」的地方、拿產值換錢的地方，你想賺多少，你就要有對應的價值。至於怎麼樣的對應才合理？要怎麼確保自己沒有被剝削？這個你可以多方比較，隨時確認自己在市場上的價值。

有了以上觀念，建議每週或至少每月檢視自己：我有沒有幫公司賺錢或省錢？我有沒有幫公司解決問題或節省時間？我有沒有製造爛攤子？如果你有，就去找出原因，趕快修正問題。如果沒有，就繼續提升，你的職場就會越走越穩，錢也會越賺越多。

想加薪、想要拿更多的年終絕對沒有錯，這本來就是你應該要有的野心！身為老闆，我非常欣賞想賺更多錢的人！如果你是這樣的人，請一定要更積極展現自己的能力、爭取更有重要性的工作，要去意識到自己「不甘只有如此」，努力得到最高的報酬、過上自己想要的人生！

職場辣雞湯／

公司不欠你，年終是給有實際戰功的人。
職場不是感情用事的地方，更不是用情緒換錢的地方。

17 努力到無能為力，才能說你已經盡力

職場上常看到有些人，總說自己的工作壓力很大，可是明明就是自己常常出包，學東西的速度又很慢，每天主管都追他追得很辛苦，到底問題出在哪裡呢？

這樣的人，有可能情況是這樣的，建議拿來檢視自己：

- 只等著人家手把手教你，自己不會先主動去觀察別人大概是怎麼做的。眼睛沒打開、態度又被動，進職場再久都很難有什麼進步。
- 就算有人教，也因為觀察力差、悟性差，所以吸收也差。腦袋沒打開，觀

念與技能總是灌不進去。

- 犯錯、被念也不懂得急起直追，只會說「我下次注意、下次改善」，但是說完之後，也不真正採取什麼行動，怎麼可能改善？
- 雖然知道自己有能力不足的問題，但是下班就覺得好累、只想休息，所以就放任自己的不足，直到下一次又出包。

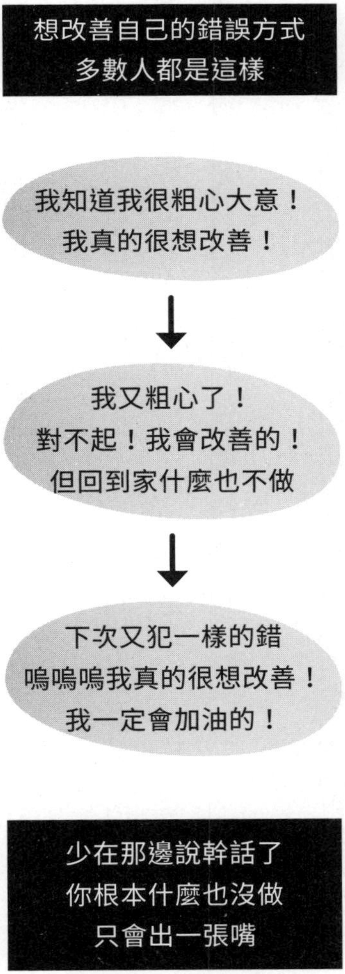
想改善自己的錯誤方式
多數人都是這樣
我知道我很粗心大意！
我真的很想改善！
我又粗心了！
對不起！我會改善的！
但回到家什麼也不做
下次又犯一樣的錯
嗚嗚嗚我真的很想改善！
我一定會加油的！
少在那邊說幹話了
你根本什麼也沒做
只會出一張嘴

◇讓自己突飛猛進的四大步驟

如果你已經知道自己在職場上表現不佳，甚至知道自己有某個部分很缺乏，到底該怎麼調整呢？很多人都只會被困在原地，只是擔心、糾結、懊惱，卻什麼也不做，最後就變成自信不足與各種焦慮、內耗。

其實要改變自己不難喔！除了堅定決心，改善自己的四大步驟可以這樣做：

一、知道自己缺乏的部分，花點時間回想與反思，自己到底犯了什麼錯、到底缺乏什麼能力？列出自己需要補足的重點，例如：注意細節的能力、理智判斷的能力、溝通的能力、管理他人的能力、舉一反三的反應力等等。

二、用以上關鍵字，搜尋相關知識、書籍、文章、影片、課程來做「針對性」的學習，看完、吸收完之後寫下你學到的觀念，這就是屬於你自己的武功秘笈。

如果你真的不知道該從何找起，或者找到的資訊覺得很難吸收，你也可以訂閱葳老闆在YouTube提供的付費會員影片，每週用陪伴式的引導、教學，有效幫助你提升職場上的各種能力。

三、找到任何對你有幫助的資訊後，建議邊看邊寫，整理出自己的學習筆記，記錄下來之後可以幫助自己吸收，一次看不懂就多看幾次，或拿去問比你懂的人，問他這個部分如果要進步，有沒有什麼訣竅？

四、以上全部做完後，列出具體的改善計畫，並徹底執行，每天檢視自己的改善進度，直到你達成目標為止，一定要真正應用到自己所在的職場上，你才會發生具體的改變。

當你認知到自己的不足，不要覺得反正別人也是這樣啊、大家還不是都差不多？就先這樣應該也沒差吧？反正不至於丟掉工作就好。如果是這樣的心態，那我建議你就要清楚，這樣的工作心態就會讓你在職場上只能當很平凡的小螺絲，不會是非常重要或高薪的人。

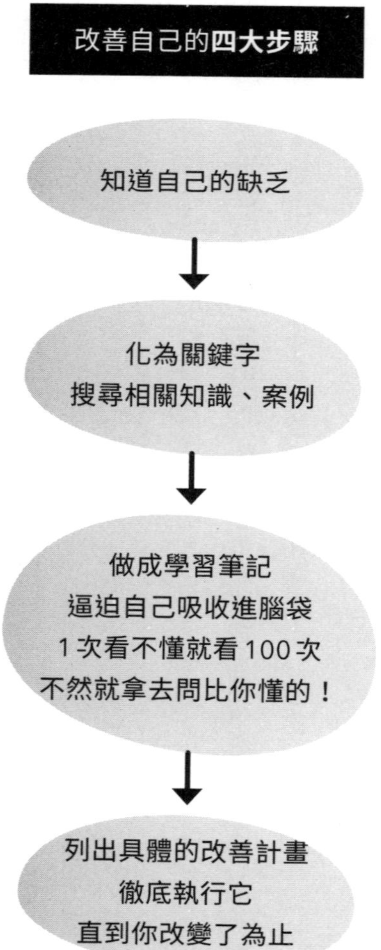
改善自己的**四大步驟**
知道自己的缺乏
化為關鍵字
搜尋相關知識、案例
做成學習筆記
逼迫自己吸收進腦袋
1次看不懂就看100次
不然就拿去問比你懂的！
列出具體的改善計畫
徹底執行它
直到你改變了為止

如果這就是你想要的職涯，當然沒問題。又或者你還有其他副業，所以需要一個比較不累、不需要花太多心力的工作，那當然也是ＯＫ的。只是你千萬不要自己選了這樣的生活，卻又一邊羨慕嫉妒恨那些在職場上閃閃發光又賺到高薪的人！

但如果你是想在職場上發光發熱、對創業或副業都沒興趣的人，又想要藉由職場上的表現，改變自己的人生的話，請用力去改變自己的問題吧！

◇你總是對自己太好嗎？當個狠人吧！

我發現很多人總是對自己太好、不太會逼迫自己，所以很容易放任自己的缺點不斷鬼打牆。其實要改變真的沒有很難，就是你要有決心逼迫自己，偏偏大部分的人連這個決心都沒有。

多數人嘴上都會說著：「我知道我很粗心！我真的很想改善！」但同樣的錯誤卻一犯再犯，又是同一句：「我又粗心了！對不起！我會改善的！」然後還是沒什麼改變，下次又犯一樣的錯：「我真的很想改善！我一定會加油！」這些其實都是幹話而已。

沒辦法改變的人，不要再說自己有努力了，你只是心裡覺得「我知道自己有問題」、「我也覺得很抱歉」、「我也不想這樣」、「我有想要努力」、「我也很想改善」。這些都是你「想的」，不代表你真的有努力，其實你根本沒有採取「行動」，或是採取的行動根本沒幫助，執行力是零啊！

就像職場上老是有很多粗心大意、常常打錯字的人，明知道自己很粗心，交出去的報告、PO出去的文章很多錯字，那麼為什麼不在交出去之前檢查十次？為什麼不逼自己逐字校對？為什麼不去搜尋出「最容易打錯的字」、「容易誤用的破音字」、「注音容易拼錯的字」、「最常出現的錯別字」，然後花時間一一去分辨這些？

永遠都說「謝謝老闆提醒，下次會注意」，結果下次依然錯字連篇，那老闆、主管整天都這樣幫你挑錯字就飽了。老是說「我真的很想改善」，其實根本沒有改善，老是說「我真的不是故意的」，其實就是故意的！你只是一直放任自己的「無所作為」。

想要改變？你必須當個狠人。什麼是狠人？有決心狠狠逼迫自己的人。

◇問問自己：對於改變，你付出了多少努力？

針對你想改善的問題，問問自己到底做了哪些努力？堅持了多久？或許你會發現，自己都只是掛在嘴邊說說而已，不然就是努力不到一週就放棄了。老實說多數人都是家世平凡、資質平庸的「地才」，而非「天才」，那當然就只能靠努力了，怎麼還好意思廢？請努力到無能為力，才可以說你已經盡力！

舉個例子，很多人都說我的表達能力好，想知道我有什麼祕訣？

其實我從小二就開始參加各種演講比賽，到了高年級每天都要上台面對全校演講，也因為每天都要上台，所以我早上起床都要先面對鏡子，練習自己的儀態跟演講內容，日積月累的這樣做。

所以並不是我生來口條就好，真的是後天練習來的。但人們看到別人的成績，總是覺得他很幸運、這是他與生俱來的天賦，如果一切都是天生的，誰還需要努力？難道球王出生就會打球嗎？影后出生就會演戲嗎？人們喜歡把你努力得到的一切，都歸類給「幸運」，為的是閃避自己的「不努力」，這樣才會讓自己好過一點。

台上一分鐘，台下十年功，實力不會憑空出現，而是代表他付出很長時間的努力，這才是事情真正的樣貌，但多數人只能看到表面。當你看到一個很出色的人，請記得學習他的努力，不要只看到他的幸運。

大家可以自行做一下功課，搜尋一下：一萬個小時定律。意思是任何人做同一件事情或同一個專業，至少經過一萬個小時的磨練，都能從普通人變成頂級人才。如果你想成為該專業的頂級人才，那麼請給自己一萬小時的時間吧！

一萬小時是什麼概念？以一天八小時來算，乘以一個月三十天，就是兩百四十小時，一年就是兩千八百八十小時，那麼一萬小時就是大約三年半，而且還是每天都持續八小時不間斷的學習。

我認為，在職場上能夠擁有「真正的專業」，大概至少要堅持三年以上的時間，不到三年，都只是基礎入門而已，更何況很多人連三個月都撐不下去。成功與否，就看你願意付出多少時間去提升自我？如果沒有堅持超過一萬小時，不要說你很努力，你真的還在初階而已。

如果你很想改變什麼，勇敢去嘗試吧！不要害怕失敗，人生中讓我們學到最多的，不是成功，而是那些失敗的經驗。無論是失敗的職場經驗或失敗的戀情，都是我們人生最好的學習。

職場辣雞湯／

一萬個小時定律，是很多問題的答案。把滑手機的時間拿去努力，你早就脫胎換骨了！

18 生活獨立，對你的工作表現更有利

有人問過我，如果知道員工「離家出走」，身為老闆，會不會覺得這個員工很有問題呢？

我認為要看他是因為什麼事情離家出走，如果是因為和家裡意見不合，決定離開家裡，出去外面獨立生活，這樣很好啊！堅持、有決心、經濟獨立，都是讓一個人成為優秀員工的特質。

當老闆的圈子裡，其實經常開玩笑說，「北漂青年」其實經常是表現比較出色的員工。「北漂青年」的概念，不一定真的是北漂，可以放大為「離開家裡的

支援，自己出來奮鬥並得自己負擔所有開銷的人」。

為什麼這些人在職場上的表現與學習力，經常會比較好呢？以下幾點，是我認為脫離原生家庭羽翼的孩子，比較容易磨練出來的能力，對職場很有幫助：

一、求生能力：因為你要自己付餐費、房租、水電、網路、冷氣費，住家裡的人通常這些開銷都省了。這些通通要自己負擔的人，剛開始可能會過得很辛苦。同樣的起薪，住家裡的人舒舒服服，可以買衣服、染頭髮、做指甲或經常出去聚餐，你卻幾乎快變成月光族。

於是你看待「職場」、「薪水」的態度會開始不同，你會長出強烈的求生欲！你會覺得：「不行！我要賺更多錢，不能在月光裡循環，我迫切需要賺錢！」這個想法，就會讓你在職場上擁有跟別人不同的決心。

二、財務規劃能力：為了平衡開支，為了有更好的生活品質，你會被迫好好規劃財務狀況。無論是最基本的分配自己的每月生活預算，還是計畫性存錢，甚至去學習如何理財，都將成為你的基本日常。

當有一天你的薪資獎金變多了，或存到了第一桶金，你有更多預算可以運用時，你就能好好運用財務規劃能力，讓自己不只是只有薪水的收入，而是也能從理財上得到被動收入。而這樣的理財能力對一個人、或對一個家庭來說，都是非常重要的。你要知道，很多人終其一生都未必擁有這樣的能力。

三、社交能力：你一個人到陌生的城市奮鬥，即便是跟原生家庭同樣的城市，但你為了在外面生存、脫離父母的依賴，你必須結交各種朋友。因為當你遇到生活上的疑問時，你已經沒有習慣的老家可以躲，更不是回到家就有飯吃、就有人可以講話，你會更重視與朋友、同事的關係，這可能會使你磨練出比較好的社交能力。

四、溝通與應對能力：既然你需要社交，也重視社交，無形之中也會磨練你的表達能力、溝通與應對能力，比較懂得社會上的應對進退，也比較可以聽懂別人的「話中有話」，這些在職場上都是非常有幫助的！尤其如果你有機會當主管，這個能力是非常基本的，否則你要怎麼管理形形色色的人，讓他們願意聽從你的管理呢？

五、感情智商：當你不再有門禁，不再被管東管西，你比較有機會好好戀愛，比較有選擇的機會。而戀愛的過程，無論結果是好是壞，都會磨練你的感情智商，你可能會變得比較成熟，比較知道自己要什麼、不要什麼，這對人生不是超有幫助嗎？

◇獨立的生活，養出獨立的思考和人格

我在國小、國中時期都是乖乖牌的好學生，成績單上面老師給的評語，都是「品學兼優」的那種，還經常代表班級、學校參加各種比賽，為校爭光，在學校是大家都會認識的風雲人物，在家是會讓父母感到驕傲的孩子。

但這是真正的我嗎？我覺得不是，但那個年齡，我也不知道自己要什麼。我只是一個不斷滿足父母、師長期望的孩子，只要做到這些，我好像就是個很棒的孩子。

高中開始，也許是真正感覺到自己並不是一個聽話的孩子，我有好多想做的事情，都會受到父母的阻礙。例如，我喜歡跳舞、我喜歡逛街、我喜歡交朋友、回家我還要跟同學狂講電話，我也開始談戀愛，但這一切都會因為父母的管教，而讓我覺得毫無自由、備受阻礙。

於是我主動要求去住校，從此脫離了父母的掌控，自己的性格就越來越能夠展現出來，後來我交的朋友通常也不是乖乖牌類型，而是跟自己的性格比較類似的「叛逆型孩子」。其實以現在的眼光去回想，這並不是什麼叛逆，這些人不過就是「比較有自我想法的人」。

除了高中時期住校，大一我也是先住進學校宿舍的四人房，後來大二又搬出宿舍自己租房子，大三就不小心在這個租屋處創業了。再隔兩年，因為事業所需，我開始到台北租房，二十五歲就在台北市買下人生第一間房。從此隨著事業的發展，不斷的換房、換辦公室。

如果現在的我有比較多的生活經驗、比較獨立的性格、比較多解決問題的能力，我想除了創業的磨練外，也是因為很早就沒有住在家裡的關係。就算你不北漂，就算你在原生家庭的同縣市工作，真的還是試著自己搬出去經濟獨立吧！人生會有完全不同的風景。

◇獨立的辛苦，會讓你有捨也有得

有人說家裡好好的，為什麼不住？搬出去很難存到錢，反而更浪費錢！還有人說「結婚」才是搬出去住的正當理由。實際上，他們不理解的是，「搬出去住並不需要理由」，原因就只是「我長大了，我要獨立了」。

如果你想要住在父母的房子省房租，三餐都吃家裡省餐費，家務事也是父母在做省麻煩，又要怪爸媽愛管你、讓你沒有自由，這就是一種「自助餐」。要記得：拿人手短、吃人嘴軟。你拿著父母給予你的好處，省下了那麼多開銷跟麻煩，當然就會有你要付出的代價。

如果你也在苦惱是不是該搬出去住，請先想想，你是想要省錢？還是想要獨立和自由？哪一個對現階段的你比較重要？

搬出去獨立的初期可能會很辛苦，說不定房租就是薪水的三分之一，但你可以開始學習規劃空間，擁有自己美感風格的居家環境。你更可以開始管理財務，會想要努力替自己加薪，創造被動收入，對社會、工作、金錢會有不同的理解。而且，自己住才方便隨時出去約會，或帶男女朋友回家不用被管呀！這些都是成為大人的開始。

什麼都靠自己，也可以知道自己還有哪些不足、過去對父母有多依賴，這才是獨立人生的開始。你會擁有真正的社會經驗和生活經驗，對很多事情的考量會開始不一樣，這些都是一輩子住家裡的人不會感受到的。

為了要負擔房租，你在事業上就會更努力，做選擇時也會更精明，這樣的人比較容易變得有錢。如果你一直擁有安逸的舒適圈跟爸媽的金援，有時候就會少了那麼一點事業心，因為「不缺」，自然也不需要「太拚」，畢竟這就是人性。

離家獨立的成長之路雖苦，但可能會是先苦後甘喔！無論是職場表現或戀愛擇偶的部分，其實都很加分！看到這裡有沒有考慮想要搬出去住呢？

職場辣雞湯／

經濟不獨立以前，你都只是個孩子，不能算大人。獨立不只是一種長大的方式，更是一種生活態度。

19 女性先尊重自己，才能在職場上獲得尊重

在職場上遇到性騷擾，該怎麼辦？

請嚴正拒絕，大不了離職而已。當妳不靠對方吃飯的時候，管他是誰！要有這樣的底氣呀！

「妳今天穿這樣很辣喔！」
「原來妳身材這麼好？每天穿這樣來上班啊！」
「裙子穿短一點，不要浪費好身材啦！」

露骨的稱讚妳的外表和身材，都是假借稱讚之名的性騷擾。有些女生可能會因此而沾沾自喜，因為受到男性的稱讚，完全沒意識到自己被言語性騷擾，以為自己被肯定、以為主管注意到我了，甚至一不小心就變成男老闆、男主管的小三，或長期性騷擾的對象。

一旦妳開始迎合這件事，用取悅職場上的男性，來獲得更多的肯定，對方就會食髓知味，知道妳可以碰、可以拐、妳願意。加上男老闆、男主管掌握了一定的職權，用加薪、升遷、給妳好處、幫妳把工作變輕鬆的各種方式，妳就被利誘上鉤，我覺得這是女生在職場上，會遇到的最大陷阱，尤其是外貌佳的女生，妳一定會遇到這些誘惑！

很多人以為這是靠外貌得到一些好處，幹嘛不拿？我覺得，女生真的不要貪圖男性給予的這種好處，也不要貪圖生活、工作變得輕鬆，就把自己給賣了！如果妳缺乏自信，想要別人的肯定，請去好好充實自己。自己爭取來的工作報酬才不會背叛妳，不要想著可以靠取悅男性換取利益，或者依靠他人的照顧，工作就不用那麼辛苦了，這樣只是自斷翅膀，未來會有更大的風險。

女生們，妳值得被肯定、妳值得拿到更高的薪資、妳值得在職場上擔任更重要的位置，是因為妳的努力、妳的勇氣、妳的專業、妳的經驗值、妳從錯誤中學習，而不應該是因為妳長得漂亮、妳的裙子穿得短，或妳願意被吃豆腐、願意付出某些好處給男性，好嗎？

◇懷孕了，到底要不要說？

女性要先尊重自己，才能在職場上獲得尊重。

有人問我，剛找到工作就發現意外懷孕，很猶豫該不該告訴公司？怕說了之後公司就不想聘用她，但因為已經和原本的公司提了離職，很怕兩頭空。

其實，懷孕是一件美好的事情，為什麼女生經常需要用說謊去掩蓋呢？我可以理解，因為現今有很多公司、很多資方，會因此而對懷孕的職場女性有不同的對待，例如傾向不聘用。

所以到底該怎麼做呢？我覺得是先想清楚：妳想當什麼樣的人？是寧願說謊也要保住工作，事後被公司發現故意隱瞞也無所謂，反正資方已經動不了妳的人？還是寧願先說清楚，看公司的決定，就算新工作沒了也心甘情願的人？

我知道大部分的人應該都會因為收入考量、怕兩頭空而隱瞞，我完全理解這樣的狀況。

如果是我，我會這樣想：因為懷孕就取消聘用，會這樣對待女性的公司，我也不想去！因為過不久，當我公開懷孕狀態時，這樣的公司又會怎麼對我？我為什麼需要去忍受這些？我寧願找個友善女性的公司。

◇先以自己為重，也搞清楚自己享有哪些保障

身為女性，我們不應該因為懷孕，因而感到尷尬、抱歉，而是要去努力不要因為懷孕而造成別人的困擾。也唯有如此，這個社會與職場才能好好對待「懷孕女性」。

以資方的立場來說，如果員工在面試時，故意隱瞞懷孕不說，這樣感受確實很不好。因為也許妳應徵的工作需要久站、搬貨、彎腰或是穿高跟鞋，很多工作其實都不適合孕婦來做，如果發生什麼事情，妳的身體、小孩受到傷害，造成遺憾，公司真的也承擔不起。

因為妳很可能已經不適合做妳原本被錄取的工作了，因此妳應該提出來跟公司討論，請公司調整妳的工作內容，而不是勉強自己先去做，懷孕初期其實狀況很不穩定，妳應該要優先保護自己的身體。

隱瞞懷孕，往往會帶來後面一連串的負面效應，畢竟會毀掉勞資雙方一開始的信任基礎。比較好的做法應該是和公司談清楚自己的身體狀況，雙方共同討論目前可以做什麼、不適合做什麼，來調整工作的內容。而且勞基法有規定，因懷孕而替妳調整較為輕鬆的工作內容，是不能降薪的喔。

甚至有些工作可以安排居家上班，這也是我曾替孕期同事做過的調整，既然可以線上完成工作，就不需要每天出門通勤，真的偶爾需要現場開會時，再進公司就好了。不過大前提是，妳選的是不會歧視女性的公司，而公司也肯定妳的能力與專業，彼此是「有事可以商量」的夥伴關係，而且勞資雙方都有正向的心態，這樣的狀況才可能發生。

◇尊重自己、尊重他人，正向循環才會開始

在職場上，確實也是有些人，會以懷孕為理由而「直接不甩工作」、造成整個團隊的困擾。

例如有些人懷孕後，經常遲到、早退、臨時請假，說是身體不適，結果請假當天卻是去外縣市遊山玩水，讓要承擔她工作事項的同事，看了很不是滋味。雖然請假是每個人的權益，假期要做什麼也是自己的自由，但這是觀感問題，比較建議既然已有出遊打算，不如早點請假，讓團隊的工作可以提早安排，就不會造成他人的困擾。

如果真的是臨時才想要出遊，也已經用了「臨時身體不適」為由請假，社群上面又有很多同事都能看到的話……那也許考慮一下，就別在當天瘋狂ＰＯ文打卡了吧？

畢竟，身體不適大家都能體諒，都願意互相協助，可是如果妳是拿這個時期在請假上的某些方便性，以及大家對妳的體諒，甚至是「資方這時候對妳本來就只能照單全收」為特權，而造成整個團隊的麻煩，實在不是一件好事。

也有很多人在公布懷孕這個狀態後，就開始這個不做、那個不做（明明是文書工作，孕期也能負擔），讓她的公司、主管、同事都非常困擾，卻又不能怎麼樣。這就是不尊重自己，也不尊重他人。

無論男女應該都可以想像，除非妳休完產假就順便離職，否則當孕期、產假這一切都結束，妳恢復正常上班後，別人會怎麼看待這個「不斷造成他人困擾，卻又完全不以為意，覺得反正每個人本來就該體諒我」的同事？

別忘了，不是只有資方在看妳，妳的同事也在看妳，甚至整個社會都在看孕期女性是怎麼面對職涯的。這樣的人越多，就會有越多的企業、資方，不喜歡聘請女性，這終將是個惡性的循環，其實對整個女性群體並沒有好處。

◇以互信為基礎、彼此尊重的文化，該如何形成？

我自己也懷孕過、生過孩子，知道孕期的狀況很多，我也曾突然一早醒來，肚子痛到不行，完全站不起身，需要立刻被送去醫院檢查，躺了一整個下午才安定下來，那天的工作真的就沒辦法做了。我也遇過有女員工，懷孕後真的必須一直臥床，無法站立，就這樣躺了好幾個月才順利生產。

我非常可以體諒孕期的辛苦，也願意用公司的資源，支持懷孕的女性員工。如果真的有長期不能上班的狀況，也建議女性不要勉強自己，善用法規給自己的權益跟保障，先處理好自己人生的重要階段，一切恢復了再好好上班。

有些企業會針對懷孕女性提供補助或生育獎金，或給予比法規更多的假期卻不會扣薪。如果你是資方、你是老闆，你選擇怎麼對待女性同仁，也都是在樹立「這家企業如何對待女性」的形象，也會讓其他女性同仁用來判斷，要不要把自己的未來與能力，繼續奉獻給這家公司。

我想說的是，無論是結婚或懷孕，都是妳人生的大事，這些大事會怎麼影響妳對職涯的規劃？妳最終的選擇都是在告訴資方，「女性」這個族群在婚後、在懷孕後通常會怎麼對待自己的工作，當然也會影響之後公司對於女性任用與升遷的想法。

所以重點是，人與人之間都是互相的，沒有誰可以「仗著什麼」就去欺負另一方。最理想的狀態是，勞資雙方都站在誠信的基礎上互相扶持，形成一種意識與文化，正向循環才會開始！

雖然理想經常不符於現實，但我願意為這樣的理想努力，或許妳也是。

職場辣雞湯／

該爭取的就勇敢爭取，不該吞忍的也要勇敢發聲！妳代表的從不只是自己，而是女性這個群體。

20 離職總是說不出口？讓自己優雅轉身

每次聊到離職的話題就引起滿滿的迴響，我發現大家幾乎都有不愉快的離職經驗，而且大部分的人都不懂得怎麼處理離職，更別說離職前後要怎麼應對，幾乎只要一碰到離職這件事，就弄得自己裡外不是人。

我也很少遇到員工能走得漂亮，幾乎都像大家說的，不知道如何自處、很尷尬、被挽留也不知道該怎麼回應、老闆很快就同意離職又玻璃心、離職後也不知道怎麼跟前老闆維持關係。

離職和求職，其實都是一門學問，如果你很努力學習求職，自然也要懂得怎麼離職。就像談感情一樣，分手往往都比在一起還要難處理，對吧？

◇為什麼離職這件事，總是這麼多麻煩？

處理不好離職的原因很多，列出幾種來分析一下：

一、本來就沒有想要好好處理，只想趕快逃離。

只想趕快逃走的人，通常無心好好處理離職，往往也走得不太好看。有人是提完離職後，因為覺得自己無敵了，所以最後幾天在公司的時間，都在瘋狂放送同事的八卦，不然就是大肆抱怨主管、抱怨公司，對還在職的同事散發滿滿負能量，甚至鼓勵別人：「那你們不想走嗎？要不要跟隨我的腳步呀？」

這也是為什麼，有越來越多的企業，開始傾向於讓員工在提離職後當天，或隔天就儘速離開的原因。因為實在有太多人，提離職後就會變成一個你完全無法預期的樣子，繼續留在公司除了沒有產值，反而還會傷害公司、影響到其他同事。

二、不覺得好好交接是應該的，想說都要走了，關我屁事？

曾發生過有個員工提完離職，就什麼交接相關事項都不願意配合，她認為交接是公司人事部、或部門主管自己的事情，為什麼她還要多做這些？但主管認為，既然你還有最後一週的上班時間，就是用來交接的呀。尤其是這些你平常已經熟悉到不行的事情，為什麼不願意做個簡單的交接，也幫助下一個同事呢？

原來，很多人不覺得「配合交接」是個分內的工作。加上勞基法的規定，就算不配合交接，資方也不能扣薪，於是很多人就會覺得，那我根本不需要配合。

其實如果因為你的不配合，造成公司的權益受損，公司是可以舉證要求你賠償損失的喔！為了不要產生更多的麻煩甚至訴訟，簡單的交接還是做一下吧。

三、對老闆、主管、同事的態度，一百八十度大轉變，覺得都要走了，幹嘛還要維持關係？直接擺爛給你看。

有些人平常和顏悅色的跟同事、主管相處，提完離職就開始對所有人擺臉色，一副「反正我都要走了，不要再叫我做事了，反正我也不需要鳥你們了」的樣子。這讓許多人都很驚訝，平常好相處的樣子，竟然都是裝出來的嗎？

這種「翻臉像翻書一樣快」的人真的不少。

我遇過一位這樣的同事，走的時候弄得大家都很傻眼，卻在離職後幾個月，問我可不可以幫他寫一封求職推薦信？我毫不考慮就拒絕了。你怎麼會覺得，離開之前你這樣的態度，老闆還會願意把你推薦給其他公司呢？

我想很多人在離職時，從來都沒有想過，其實前老闆可以是我的人脈，前主管、前同事也可能是我的人脈，留下好關係，以後可能都還用得到！直到需要用到的時候才發現，當初好像不應該這樣？來不及了啦。做人真的還是多給自己留一步路吧。

四、想離職，又想要很足夠的面子。如果沒被挽留，就覺得很受傷，被強力挽留，卻又不知道如何應對。

我覺得大家的心態真的要成熟一點，不要這麼玻璃心。既然你想要的是離職，那麼達成目的不是最重要的嗎？不要同時還希望老闆、主管應該慰留你，以證明你的價值。他們如果很快同意你離職，你就會覺得不受重視、主管對你沒感情？而一旦他們開口挽留你，你又覺得很有壓力？哎呀，你到底要什麼？

其實，無論人家是真心想留你，還是說說場面話、照顧你的心情，互相尊重就好了，大家都是成熟的大人，不用太糾結這些情緒，還是上道一點吧！

◇這些不成熟的心態，讓你的離職很難看

還有一些人，離職前不只是不好好交接而已，而是手上還在運作的事情，就直接放手，不好好收尾，最後留下一堆爛攤子，讓接手的同事非常痛苦，幾乎什麼都要從零做起。換作是自己遇到這種離職同事，你不會很想罵他嗎？

好好交棒，讓工作可以順利被後續接手的人完成，這是一種負責到最後一天的態度，也定義了你自己是個什麼樣的人。

在職場上，離職的時候最能見人心。老闆平常對你再好，你提出離職後，對他沒有利用價值了，他可能就立刻變成一個混蛋，讓你覺得很扯。員工也是一樣，有些人平常很優秀、工作態度很積極，想走的時候一樣也可能會變成混蛋。

所以大家別老是說提出離職後，老闆或主管就變得很現實，馬上變了個臉色，其實員工也會。其實這是人本身的問題，會的人就是會，不會的就是不會。對我來說，離職是員工的自由與權益，我不會因為你提了離職就對你有不同的態度，這一點，很多人做不到。

如果遇到那種你提離職，他就徹底翻臉的老闆，也不用想太多。有些人對這種事的承受度本來就不高，他可能覺得栽培你的心力都白費了，所以傷心又生氣，他的情緒，他也得自己去消化。但如果對你處處刁難、甚至人身攻擊，請你也不需要容忍這些你不應該承受的傷害。

◇到底有沒有必要，跟前老闆維持人脈關係？

我覺得有很多人沒有想過，需要跟前老闆、前主管維持關係，然後在需要他們的幫助時，才覺得又要重新聯繫好尷尬？當初以為離職就是關係的結束，其實日後你卻經常發現，用得上前老闆的資源。

離職後的員工，通常是因為什麼情況，需要我這個前老闆的資源呢？

- 後續想要應徵某個工作，想找我寫推薦函。
- 任職的下一家公司，知道他是我前員工，指名要找我合作，於是派他聯繫。
- 新的工作內容，發現必須用到前公司、前老闆的協助。
- 新公司的老闆或主管，剛好是我的朋友，會打聽這個員工怎麼樣？

- 在某些業界活動巧遇，他的新老闆希望他來引薦彼此認識。

以上各種情況，如果之前沒跟老闆維持關係，或者離職時弄得很難看，需要用到這個關係時，突然要來開口就很尷尬。畢竟你都不在乎這個人脈的維持，離職後也沒有維繫關係，人家為什麼要在你重要的時刻幫助你呢？

所謂的關係、所謂的人脈，是平時就得累積起來，可能哪天就會用到，不是平常不理不睬，需要時才突然來聯繫。千萬記得，絕對不是「認識他」，他就是你的人脈」，你找他、需要他幫忙時，「人家會理你」，才叫你的人脈。

那種離職時走得很難看，或者一個招呼都不打，平常消失無蹤，根本沒有維持關係的人，突然一出現就問：「不知道能不能跟你打聽一個消息？」、「我現在任職的公司請我找你幫忙……」、「不好意思，很久沒聯繫，但是可不可以幫我寫推薦函……」，實在是很難讓人想要幫你。

除了上述這種，你以為老死不用往來了，結果卻發現自己需要前老闆的資源的情況，還有很多人都不知道，懂得經營關係的人，甚至根本就不用找工作！當你維持好關係，你離職後，工作會一個牽一個找上你。

因為業界裡，老闆們、高階主管們經常都會互相介紹，例如可能會有其他老闆朋友來問我：妳有沒有認識可以負責廣告專案的人才？還是有沒有認識可以掌管實體店的店長？最好是擁有什麼特質的，有的話介紹一下？我可能會想到一些平時都有保持聯繫的前員工，就會幫他們彼此做個引薦，看看是否能配對成功。

於是很多人根本不用投履歷，也不需要面試，就換到下一個更高薪的工作了，這就是「人脈」，這就是「關係」。

但是搞不懂「關係」的人永遠只會說：「某些人只會靠關係！」、「他們不是靠實力！」

事實上，「有關係」本身就是一種實力，因為這些關係，都不是憑空掉下來的，都是需要經營的。是你自己不懂得經營關係，卻還把自己不懂的東西，列為「鄙視的東西」，其實，該開竅的是你啊！

◇正確離職，讓你每次都能好聚好散

無論你的老闆是好是壞，最後分享幾個正確的離職心態：

- 交接是很基本的敬業態度，這是為你自己負責，不是在幫公司、也不是在幫老闆「多做什麼」，這只是證明自己是一個怎樣的人。
- 不要因為公司對你不好，或你提完離職他們就變臉，於是你就讓工作爛尾，那只是證明了你也是個爛人，跟他們沒有什麼兩樣。
- 別強求你提離職後，老闆、公司對你的態度不會改變，如果他們也真的教會了你很多、培養了你多年，當你要離開，他們覺得好浪費、好可惜、甚至覺得生氣、受傷也是正常的。你只要管好自己、做好自己就夠了，不需要受到太大的影響。

- 前老闆、前主管、前同事都可能是你未來的人脈，分辨一下要跟誰維持日後的關係，別太短視近利。

履歷是種累積，人脈更是。

職場辣雞湯／

你離職跟分手一樣，翻臉比翻書還快？有關係，本身就是一種實力！

III
PART

給成為資深前輩的你

21 換位子就要換腦袋，新手主管必犯的錯

新手主管最容易誤解「溝通」這件事，以為「我跟誰誰誰說了」就叫做溝通，「有說」和「溝通」，完全是兩件事耶！不是你說完，對方就會秒懂，然後就會做到，管理才沒那麼簡單呢！

他有聽到，不代表他有聽懂。他有聽懂，也不代表他會照做。這些層次都是不同的！新手主管常常以為我都跟他說了，下屬就應該要做到，萬一下屬沒做到，自己被上面追究的時候，很容易就直覺回答：「可是我已經跟他說了，但他沒去做」、「我有跟他說，但他自己做錯了」。

你有說，本來就不代表他會去做，你叫他這樣做，也本來就不代表他會做對。如果你認為當主管就是負責去說、負責出一張嘴，那就大錯特錯了！

這裡也可以看到一件很妙的事，大家平常都很討厭「只會出一張嘴」的老闆，但自己當上主管後卻不懂得換位思考，開始變成只出一張嘴的人。你喜歡只出一張嘴的老闆嗎？如果不喜歡，為什麼自己卻會變成這樣呢？

◇有交辦，不等於下屬一定會做到

既然這樣，新手主管要如何調整呢？首先一定要強烈認知到，你有說不代表他會做到。身為主管，你必須確認到「下屬執行完畢，產出正確的結果」。如果你只負責說，然後就丟給下屬自己完成，過程中你都不確認，最終結果你也沒掌握，那你的功能只能叫做「傳聲筒」！這種工作請工讀生做就好了，或者老闆乾脆自己跟全公司廣播就好了，還要你幹嘛呢？

而新手主管多半都會誤以為，當主管就是負責「把老闆說的往下傳」，所以幾乎都會變成「傳聲筒主管」，而沒有理解到，「中階主管的職責」不只是負責傳達而已，而是透過傳達與溝通，參與、監督、帶領小團隊把任務完成。對公司來說，你就是要讓這件事情完成的人，你必須實現這個結果。

很多新手主管一心只想往前衝，卻覺得被下屬扯後腿，覺得下屬為什麼不能理解指令、為什麼沒有團隊意識？為什麼說了都沒做？這都是不會溝通、也不懂得要適時插手，更不懂得要主動確認成果的主管。如果嘴巴講講就叫管理，那世界上的主管也太輕鬆了，如果這麼簡單，誰不能當主管呢？

◇下屬出包，你被追究該怎麼辦？

萬一下屬沒做好，身為主管的你被上級追究時，該如何回應？

錯誤示範：可是我有跟誰誰誰說，結果他沒去做，我會再跟他說一次。

↓好弱的主管，你是小學班長嗎？

正確示範：是我疏忽了，我馬上處理，處理完再回報。下次我會主動先確認成效，不會再發生。

身為主管，你一定要認知到，下面的人沒做好就是你的問題。不要覺得是下屬個人的問題，然後你再來告訴上面的人，是誰誰誰沒弄好。身為主管，你的下屬的錯，就是你的錯。不要再解釋了，趕快去解決問題吧！

解決問題後，你一定要思考一件事，為什麼下面的人沒做好，不是由你先發現？而是被你的老闆先發現？如果你事前都沒有察覺，來不及在老闆發現前補救，表示你應該沒有主動確認結果，任由錯誤的狀況產生，自己卻都還不知情，根本狀況外，對吧？那當然是你的管理問題呀！

接著你要思考，你的下屬這次沒有做好這件事情，問題是出在哪裡？你應該怎麼教他、帶他，讓同樣的事情下次不要再發生？這些才是主管的腦袋該有的思維，而不是整天負責跟老闆解釋：這是誰誰誰弄的、那個也是誰誰誰亂搞的，都沒你的事一樣。

◇下屬抱怨的時候，要加入他們嗎？

如果，你的下屬老是跟你抱怨公司，身為主管，你該怎麼做呢？加入他們，拉近彼此的關係？證明自己不是站在公司那邊的，而是下屬這邊的？還是應該告訴他們，公司其實沒有這麼差？不要抱怨了？但是他們以後就會切割你，不再跟你講這些事了，怎麼辦？這些都是小主管、中階主管、部門主管經常會遇到的狀況。

我建議，自己身為主管，千萬不要主動跟下屬抱怨公司。很多主管喜歡跟下屬一起抱怨公司政策、一起罵老闆，以為這樣可以跟大家有話聊，可以拉近和下屬的距離。

抱怨公司的主管其實會把自己給架空，因為你所抱怨的問題，下屬會希望你能去跟上級反映，幫大家解決，如果你做不到，老是說「我也沒辦法啊，公司就這樣」，那就會證明你是個無能的主管，大家最後也會開始抱怨你。不然就是整個部門士氣不振，一旦你想要求些什麼，大家就會說：「公司就這樣，沒辦法不是嗎？那我們幹嘛還要努力？」你只會增加自己管理的難度。

身為主管，千萬不要主動帶頭抱怨，也不要一起抱怨公司，搞清楚你是來當主管的，不是來跟大家當好朋友的。

如果是下屬跟你抱怨，你應該把抱怨的內容視為求助、視為問題，看看自己能不能居中解決，不讓下屬的怨氣繼續累積，以至於影響到工作，這才是主管職責該做的事情。

如果你總是想著，要怎麼跟他們當好朋友？要怎樣他們才不會討厭我？那麼你是絕對當不好主管的。

◇跳脫情緒，用引導和提醒帶人

那麼，新手主管要怎麼溝通呢？

很多人習慣用「責備」的，語氣有點兇、咄咄逼人，沒有要讓下屬講話的意思，甚至還會人身攻擊，像是：

- 你為什麼要這樣做？你看看自己搞出了什麼？白痴啊你？
- 你知道這樣會造成多大的問題嗎？怎麼笨成這樣？
- 不是跟你講過很多次了？你耳朵到底有什麼問題？
- 你怎麼還會這樣做？到底要發生幾次？很難啊？你是豬啊？

這些都只是怒氣的發洩，完全無助於溝通，也無助於下屬思考，而且涉及人身攻擊的話，我一律建議向人資部檢舉，制裁這種有毒的主管。

我建議新手主管用「引導」的方式來溝通，語氣是平靜溫和的，溝通過程中適度停下來，讓下屬有機會表達他的狀況跟感受，一步一步引導他、破解他的思維，讓他自己想通，他才會從錯誤中學到東西。像是：

- 我問你喔，你為什麼會想要這樣做？是有什麼考量嗎？
- 我們之前不是開過一個會，有討論過請大家要換個角度思考嗎？你有沒有發現這個案例，就蠻像那次講的內容？
- 你看喔，這樣的執行結果是不是引發了某個問題？那你幫忙想一下，怎樣做會更好呢？

我不是真的在「問」他，而是在「引導」他思考。藉由不帶立場的發問，讓他自己反思一下狀況，也能看看他是怎麼想的，才有機會調整他錯誤的邏輯或思維，過程中他也不會不舒服，雖然比較耗費時間，但是腦袋通了，真的可以解決後續很多事情。

這一招不管是帶領員工、教育小孩、協助朋友都非常好用！平常我也是這樣去引導我的粉絲，讓大家「自己想通」，比我「直接給答案」重要。

◇什麼時候該放棄一個員工？

什麼時候我會放棄一個人呢？就是我覺得每個方法都對他沒用，或者帶他實在太辛苦了，如果就連產值很低的小事，都需要耗費那麼多的時間去教，實在不值得付出這樣的心力和時間，那我就會放棄。

也可能是彼此的頻率不對，我講的東西他就是抓不到重點，或者他有很多自己的個人問題，一直改善不了，例如：粗心大意、錯字連篇、衝動行事、虎頭蛇尾、美感不足、性格軟弱等等，可能是你真的沒有辦法透過教學而改變他的，這樣也不用勉強，雙方都痛苦，不如就好聚好散。

領導者需要一點先天的領袖特質，但大部分的人還是透過後天學習磨練出來，新手主管確實有很多課題要學習，慢慢一步一步來，你自己需要提升，你與你的團隊也需要磨合，不要心急，練兵是需要時間的。

職場辣雞湯／

讓人願意聽，聽得懂，聽完還願意照你說的去做，才是成功的溝通。想當個成功的主管，就別只想著當好人、當誰的好朋友！

22 球隊不能只有前鋒，團隊組成是各司其職

許多人都是在當了主管之後，發現很多下屬都有懶散、不努力、不自律、自我感覺良好的問題，每天為了一點小事就抱怨公司、提不起勁。是的，有非常高比例的人確實都是這樣的。

也許你是少數不會這樣的人，或者屬於偶爾這樣、但是不會影響戰力的人，所以你被提拔起來當主管，以帶領他人。

管理階層存在的意義，是讓為數眾多的基層人員，透過選擇、管理、激勵，而能穩定貢獻產值。如果你當了主管，你一定要先搞清楚，自己的任務是什麼。

那我得先告訴你，絕對不是為了追求公平，讓每個人都做一樣的事！這也是多數主管都會犯的錯。

◇先了解你的團隊組成

你可以把團隊，想像成一支軍隊或球隊，身為老闆或主管，你要懂得團隊裡的結構。有一小群前鋒部隊，是那些充滿熱情、很會做事、也願意做事，想要賺很多錢的人，大概只占公司組成的一〇%，你可以稱這群人是你的核心團隊，專門負責打前鋒。也許他們是行銷部門、業務部門，也許他們是各個部門的主管，加起來一起打前鋒，這個就看你公司的實際情況，不同產業跟不同規模的公司，都會不太一樣。

而其他八〇%到九〇%的後勤部隊，他們可能不是打前鋒的部隊，但是他們在各個部門貢獻穩定的產值，才能支持前鋒部隊去探索、去衝刺。如果前鋒部隊帶回了很多戰績，那麼可能需要後勤部隊大量的時間去消化，才能變成公司真正的業績。平常也可能是靠著後勤部隊的支援，前鋒部隊才有足夠的底氣去衝刺。

所以完全不需要去比較，哪一種人、哪一個部門比較重要，這是無謂的對立。少了哪一邊，團隊都會無法運作，千萬不要掉進對立的陷阱裡。

人各有志，身為老闆或主管，你要了解下屬是哪一種人，適合放在前鋒？還是擺在後勤？把他放在適合的戰略位置，而不是要求每個人都跟你一樣衝衝衝。

有些人是以在職場上有最佳表現為目標，他們的忠誠度很高，希望在自己選定的公司裡透過長期的奮鬥，能夠創造自己得到高薪、高位的機會，屬於有野心、有事業心的人。

有些人則不一定鎖定在同一家公司裡表現，他們把每家公司視為職涯的跳板，短期內可能會為公司創造不錯的績效，一旦有更好的機會，就可能立刻離開。

而大多數的人是屬於聽命行事、力求安穩的，雖然也許不會太過積極主動，也對高薪高位沒有太大野心，但知道拿錢辦事的道理，可以安安穩穩的付出，一家公司裡是需要非常多這樣的後勤部隊的。

如果前鋒的重點就是要衝，那後勤的重點就是要穩。這是完全不同的人格特質。當然也有一些人，無論到哪裡，都是混水摸魚的薪水小偷，能混就混、能閃就閃，每天上班就等下班。但這樣的人如果很懂得掩飾，你不一定可以馬上辨識出來，這就是主管的功課了。

◇主管最重要的功課：識人與用人

如果你是老闆、主管，可以思考看看你的公司或你的部門，是由上述哪些人組成的？如果你是員工，也可以觀察看看你自己和同事屬於哪一種類型？不同組織規模、不同企業文化的公司，這幾種類型的員工可能有不同的占比，對公司來說，各個部門都很重要。

老闆需要各個大將穩住各部門的運作，也需要中將（中階主管）協助大將作戰，也需要小兵聽命行事，大家都有各自的功能。就像一支球隊裡，前鋒和助攻都很重要，有效的團隊合作才能把球踢進球門。

大家都有各自的位置和任務，也會有對應的薪水和工作強度，而老闆與主管的工作就是調兵遣將，把整盤棋下好，發現有人不適合就進行調度，於是經常把兵馬調來調去都是正常的，而不是只會攻，不會守，這些都是領導者該懂的事。

◇為什麼是他當主管？

擔任主管的薪資通常比較高，責任也比較重，但執行力強大的「專才」也是非常重要的，畢竟有些管理者本身並不具備更強的專業能力，例如球隊教練不一定比球員還會打球，但需要他的戰略與調度球員的能力，甚至需要他來激勵士氣，對吧？

這也是我們常見的一種迷思，有時候你會覺得主管在某某專業上沒有你厲害，為什麼是他當主管？因為主管的任務重點在我剛剛說的「管理與調度」，而不是「強大的專才」。當然也有主管屬於兩種都很強的，你可以辨識自己的主管屬於哪一種。

如果自己的專才很強，想往主管位置邁進，你也要明白，不是你的專業很強就夠了，你要補強的可能是管理相關的能力，而不只是原本的專業，這得跨一個很大的領域。

很多時候，把部門裡那個專業最強的人，拉上來當主管，卻經常會落得失敗的下場，為什麼？例如最強的設計師，能夠交出最好的設計作品，可是他擅長的就是設計，他並不擅長帶領團隊。

為了學習管理別人，他可能都沒有心力去好好設計了，甚至還會因為管理壓力太大而離職。你很可能失去了最強的設計師，這個部門還管理得一團糟。這是職場上常見的狀況，所以千萬要避免「執行最強、專業最強的人就適合當主管」的迷思。

◇當主管才能得到高薪？一定要爭取當主管？

公司需要少數的管理者，也需要大量的執行者，兩者都很重要。最明顯的就是比例之差，例如一個管理者也許要帶領十個執行者、領導一整個部門。有人說，有些員工的執行能力明明就比主管好，但薪水永遠低於主管，這樣好像不太公平？

其實也沒有一定喔！雖然可能大部分主管的薪資是比較高的，但也不是沒有例外，還是要看一個人的專才有多強。

有些專才者的薪資，其實是超過主管的，但他的上面依然需要主管去分配任務、控管進度。因為只有少數人有管理能力，而為數眾多的執行者需要被管理，一個團隊才能順利運作。

所以你不需要有「一定要當主管才能拿高薪」的迷思。「管理」和「執行」是兩種完全不同的能力，你應該先辨識自己擁有的是怎麼樣的能力？自己有沒有想管理他人的意願？

如果你不擅長或很討厭管理別人，那就千萬不要往管理階層走，這是可以選擇的，不是每個人都適合管理別人。

◇別把下屬當成「過去的你」

很多主管對管理下屬感到頭大，其中一個原因是「把員工當成自己」，期待員工跟自己有一樣的使命感、一樣的忠誠度、一樣的能力。但事實上他不是你，你領多少薪水？他領多少薪水？如果要他和你一樣拚，就給他同等的待遇。身為老闆與主管，千萬不能把每個人當作自己來用，如果他跟你想的都一樣，他早就自己去當老闆了！

另一個原因，多半是因為一開始就「找錯人」。

挑老闆、挑主管、挑員工、挑伴侶，都要「先選擇，再努力」，不然面對不適合的人，人格特質不對、價值觀不符，再努力都是白費。

員工選錯公司、選錯老闆，再努力也不會被看見。而老闆選錯員工，再怎麼努力帶他、教他，也是浪費力氣，都是一樣的道理喔！

能力可以靠後天培養，但選人應該先看個人特質，你要先選擇「是這塊料」的員工。例如今天招募公關部門的職員，來面試的人卻過度害羞，連介紹自己都有問題，就算他可能是念傳播、公關等相關專業出身的，身為主管，你就要明白對方不是適合的人選。

履歷上的學歷、經歷，雖然是很多人求職以及很多資方聘僱一個人的重點，但我會更看重一個人的「人格特質」，一開始盡量選到人格特質適合該職位的員工，就會節省很多後續的溝通和管理成本，降低失敗的機率。

職場辣雞湯／

別把下屬當成「自己」，每個人都是不同的個體。永遠都要先選人，要先「識才」，才能「用才」。

23 員工老是犯低級錯誤，也許你不該再心軟

身為老闆，一定都犯過這樣的錯。

對於一個不對的員工，因為覺得「捨不得」，總是想說「應該還有救」、覺得換個方式「應該可以改變他」，而一直苦苦努力，不斷想辦法，想著要怎麼帶他、要怎麼用他。

例如，某個人在A部門做事，常常犯一些不確認、不細心、不發問、不遵守交件時間、附加檔案錯誤的低級錯誤，被念了很多次還是一樣，但是他的職場態度很好，配合度很高，每次犯錯也都很自責。

你可能會覺得，好吧！再溝通看看、再試試看、再多提醒他！甚至想辦法看怎麼教導他、轉文章給他看、買書給他看，看看能怎麼幫忙他！在這個部門做得不好？那把他調去B部門，試試看別的工作好了。

你嘗試了無盡的方法，也給了無數次的機會，每一次到了最後，你都會得到一個結論，就是：「真的不要再心軟！不要再苦苦救一個人！」因為你花了大把的時間跟力氣，最後他還是一樣，你仍然要放棄他。這時候反而後悔，要放棄不如早一點放棄，就不用多花這一年甚至兩年的時間（嘆氣）。

◇人有情感，要果決放棄不容易

但是！我必須要講！在只發生一點點小跡象的情況下，就果決的放棄一個人，這一點真的很難、很難做到，因為你永遠會覺得應該還有機會，不想放棄他，而不斷「替他想辦法」。

即使我有將近二十年當老闆的經驗，至今還是會一直犯這個錯。也許是因為覺得人都可以透過學習而改變，也許是太想給別人機會，也許純粹是自己心軟，也或許是覺得已經在他身上花了心力，也不想放棄自己已經付出的努力。

但如果這個人的本質不ＯＫ，無論你花了多少努力，最後仍然會讓你傷心難過，覺得不值得、白費，甚至人家還會批評你，覺得你這個老闆超煩、超愛念，甚至覺得自己在公司不受重用，都是你的問題、都是公司的問題。

◇只用一個月觀察新人的能力

一般來說，所謂的試用期雖然是三個月，但往往在新人加入後的一個月內，其實就足夠判斷了！身為老闆或主管，請觀察以下：

一、是否經常犯低級錯誤？被提醒後是否能做出改變？

低級錯誤指的就是最低層次、不用太花腦袋的錯誤，例如：打錯字、給錯檔案、key錯數字、找錯錢、發錯Email、弄丟東西……等等。

↓如果這些很低層次的小錯誤，他都無法在短期內修正，根本不用期待他能完成重要的工作。

二、是否能聽懂基本指令？還是對指令根本無法理解？

例如：明明講得很清楚的指令，或者很簡單的任務，但他還是會產生誤解，或者他很難理解「別人到底要他做什麼、完成什麼事」。

↓經常聽不懂指令，執行之前似懂非懂，卻又不願意發問、確認，或經常誤解指令的意思，每次做錯之後就說「啊，原來是我誤會了」的人，還是放棄吧！

三、在職場上的人際關係如何？是否為社交邊緣人，或根本不屑別人？

如果他的工作只需要獨立作業，或許還好一些，但如果他是團隊裡的一份子，但他跟別人總是針鋒相對，沒有辦法和平共處呢？

↓這一點會影響團隊合作，有時候還會互耍心機、互相傷害，最後毀了案子。也許他的工作能力不一定差，但是沒辦法與他人合作、與他人相處，很多時候不只會犧牲工作成果，也很可能在重要時刻，他突然就說：「我要離職，因為昨天跟同事吵架。」

四、溝通應對能力如何？是根本無法應對，還是敷衍說好卻又做不到？

有些人連在職場上怎麼跟老闆、主管表達自己的想法都有困難，或者經常只會說好、我知道了、我處理，但是都沒有把任務完成，好像自己沒講過一樣。

↓總是敷衍與找藉口的人，你不該再信任，那是一個人的習慣問題，很難改變。

五、做事情遇到困難，會不會求助發問？還是拖延進度，甚至乾脆算了？

這真的是好多人都會產生的狀況，有問題、有困難不講、不問，進度就被他拖到了，把一個小問題變成大問題，甚至把問題丟著不管。

↓不會主動求助發問的人，就不可能是一個能學習、會進步的人，事情會卡死在他手上，整個團隊很容易被拖垮。

◇這五點同時擁有的人，該怎麼處理？

我舉一個實例：有個在公司待了超過一年的員工，在A部門陸續犯過一些低級錯誤，但都沒有被放棄。後來她自己爭取轉調部門，部門主管也覺得或許換成做她喜歡的事情，表現會更好，於是同意她調到B部門。

B部門的工作內容很有趣，也是大家公認最好玩的，但也因為是一個更靈活的部門，她犯的低級錯誤就更多了。主管要求她改正，她還對主管抱怨，質疑主管的做事方法。她想要在這個部門做事，工作內容也是她喜歡的，可是她不要這個部門的節奏和步調，也不要這份工作要求的細節管理，這就是很明顯的自助餐心態！

於是我們用剛才的標準檢視看看：

一、是否常犯低級錯誤？被提醒後是否能做出改變？

↓她不覺得這樣有什麼問題，還覺得這份工作不需要這樣做。

二、是否能聽懂基本指令？還是對指令根本無法理解？

↓她覺得是主管不講清楚，她才會搞錯。明明在全公司最活的部門，卻希望每天做很死的事情。

三、在職場上的人際關係如何？是否為社交邊緣人，或根本不屑別人？

↓在公司幾乎沒朋友，總是獨來獨往，甚至經常看不起他人。大家覺得員旅很開心，她覺得很討厭（但卻還是報名參加），只因不想被覺得自己很奇怪，但去了又要抱怨。

四、溝通應對能力如何？是根本無法應對，還是敷衍說好卻又做不到？

↓永遠都說好好好，做出來卻錯得離譜，但又不想真正搞懂一件事，永遠都覺得是別人的錯。

五、做事情遇到困難，會不會求助發問？還是拖延進度，甚至乾脆算了？

↓從來不做任何確認，寧願做錯了再被罵，反正就一直這樣過，還覺得都是公司的問題。

◇不是你給機會，人家就會感謝你

這樣的員工真的扶不起，所以沒多久，B部門的主管就打算放棄她，準備讓新人接手。也由於這樣的日常表現，公司給她的年終自然不多，別人是兩到三個月，她的年終則是一個月。因為她不覺得自己有任何問題，所以覺得自己拿到的年終很可笑，於是大罵公司福利很糟、年終很摳，領完年終就提離職了。

看到這裡，你是否也會覺得，這樣的人，應該早點放棄呢？否則一路從A部門到B部門，有多少人、多少事物、多少時間都浪費在她身上？一直給予機會的公司，還要被罵？是不是超級不值得呢？

也許你會說，職場邊緣人或有點社交困難、社交冷漠的人一定不好嗎？其實也不是那麼極端的。上一本職場書我曾寫過：你不是來職場交朋友的。所以當然不是要你在職場上一定要跟所有人像好朋友一樣，但至少你要能夠做到基本的「團隊合作」，而不是因為個人的社交問題，而影響工作的運行。

◇公司大了，什麼人都會有

如果真的要說職場邊緣人容易有什麼問題？大概就是，他很可能經常沒有同事可以對照與討論事情。例如，當他工作做得不ＯＫ，他除了不願意跟主管請教，也不去找同事討論，沒有人有機會跟他說：其實這個可以怎麼做、你可以怎麼想。於是他就困在自己的小圈圈裡，容易自以為是、覺得自己沒有問題。

在這種自我封閉、自我感覺良好的情況下，他可能很難理解自己的表現真的不好，公司裡的同事提到這個人都知道是怎麼回事，可是如果是外面的人聽到他的抱怨，可能很輕易就會因為「他是離職員工，說的絕對不會錯」，而相信是這家公司很爛、或他的部門主管很爛。

這也是為什麼我之前曾在ＩＧ跟大家分享過，不要對網路上的企業評價照單全收，因為那也很有可能僅是一名問題員工的抱怨，如果你用這些抱怨甚至接近報復的言論去評斷一家企業，你很可能錯過適合你的地方也說不定。

◇心軟，要用在對的人身上

上面說的這些狀況，其實都是人格特質問題，如果員工有這些缺點，限期改善也不見改變，老闆、主管們真的就不要再單方面努力了！直接放棄才能停損，不是你太嚴格，也不要再幫他找理由了！工作習慣和專業能力是可以學習、可以訓練的，但是人格特質與內在的心態是很難改變的。

如果你選擇聰明、格局大的人一起工作，那你只需要給予明確的目標與指令，大家就會開始積極執行，有錯就講、有錯就改。聰明的人會就事論事、調整戰略，捲起袖子繼續上。他們會花時間檢討成效、找出問題，思考下次可以怎麼執行，而不是花時間在糾結情緒，解釋「這不是我的問題」。

但如果是自以為聰明又缺乏格局的人，你就有一堆麻煩要搞。因為他們整天糾結、整天解釋、整天抱怨，小劇場沒完沒了，都是別人對不起自己，都不是自己的問題。你要照顧他的情緒問題、面子問題、人際相處問題，結果整天都在幫他搞這些，而不是在討論「怎麼把事情做好」、「怎麼更接近目標」，你累都累死了。

當老闆、當主管的你，一定要提醒自己，不要心軟！心軟的人真的當不了好的領導者，你的心軟也很可能會害了公司，還會讓其他認真工作的同仁工作起來不順暢。甚至有些優秀的人，也會看不下去而離開，你為了拯救有問題的人，卻失去優秀人才，實在得不償失啊！

所以，「先選擇，再努力」是不變的道理，先找本質沒問題、也有學習能力的人，而不是去找本質有問題的人，再來努力改變他，實在沒必要！

職場辣雞湯／

我們可以改變自己，但別總是想要改變別人。

找本質沒問題的人，勝過花時間拯救本質有問題的人。

24 主管別當濫好人，帶員工不是靠感情

很多人都說：「帶人要帶心」，我第一次創業時也是這樣想。因為第一次當老闆、第一次管理員工，覺得大家要像個「大家庭」一樣，也以為要跟員工「搏感情」，才能得到大家的信任。所以員工失戀，我會先照顧她的情緒，即使影響到工作表現也不責備對方，但下場就是她可能直接放掉當天甚至當週的工作，使得其他同事要幫忙收拾。

隨著公司規模變大，我漸漸體會到「家庭」和「公司」的核心價值是不一樣的，「家庭」是情感擺第一，「公司」是企業目標擺第一。而且老闆一旦和員工談感情，以後遇到問題，員工也會先跟你談感情，最後變成一種情緒勒索。

◇大家到底為了什麼而相聚？回到初衷吧！

以前沒有情緒勒索這個詞，所以當時只覺得：「天呀，好煩喔，每個人都有自己的情緒問題，要帶人帶心，讓每個人都開心，真的好累喔。」其實，帶人帶心並沒有錯，但這個詞指的是：要讓員工對公司有向心力、願意跟你一起打拚，而不是「你要照顧所有員工的私人情緒」。

你當然應該對員工好，但前提是員工也要對公司有相對應的績效，畢竟大家都不是因為「談感情」而聚集在一起的，大家是因為「想賺錢」而來到公司上班的，對吧？這才是大家會在一起的初衷。

所以公司根本不該比喻為家庭，而應該比喻為球隊，球隊上場的目標就是贏球，下場之後我們還是可以一起喝酒。所以你當然應該重視員工，同時也重視績效成果，兩者並不衝突。你要先讓員工感覺被重視、被認真對待，但同時也要有目標經營、整頓團隊的決心。

◇好主管不用搏感情，更不用當濫好人

有些從基層員工升到新手主管的人，發現以前的部門同事開始跟自己保持距離，中午吃飯不再揪他，週五下班聚餐不找他，社群上也不再和他互動。有些人一時之間心態很難轉換，覺得明明自己付出真心帶領部門，為什麼同事要這樣對他？而感覺到心灰意冷。

其實，如果你想當主管，卻又有這種「希望大家都喜歡我」的心態，那就錯了。公司付你主管的薪水，不是為了讓大家喜歡你。身為主管的任務，是要帶領他們一起完成公司的目標。如果因為要完成任務的要求而被討厭，那我也認了，因為這是我該做的事。

無論是當朋友、主管或老闆，建議你就是抱持著一個「如果不適合、不愉快，大家就不用硬要在一起」的態度，事情就會很好解決。如果你覺得這些職場的人際關係很複雜、很糾結、很難解決，通常都是你想「以和為貴」的濫好人心

態造成的。濫好人就是什麼都想要，但什麼都解決不了，導致人生一堆困擾。

你要當濫好人朋友，那你被欺負活該，你要當濫好人主管，那你管不動下屬活該，你要當濫好人老闆，公司虧錢倒閉也是剛好而已。誰叫你只想當濫好人？你的所作所為都是在告訴別人，我凡事都只希望「大家開心」，所以誰只要不開心，都可以來踐踏我喔！

濫好人員工同樣讓人頭疼，因為這種人對誰都好好好，根本喬不定事情。做內部工作勉強可以，一旦讓他應對外界就會寸步難行。你請他對外溝通什麼事情，他都會說：「可是對方說……」、「可是這樣他們會不會……」，一天到晚都在怕別人不開心，到底是要怎麼做事？

濫好人不是被欺負，就是被壓榨，不然就是軟弱無能，從來就沒什麼好日子可過。我也當過濫好人，事情難搞死了！自從不再追求皆大歡喜、大家開心，一切都順利多了，大家試試看就懂。做人做事要有原則，互相尊重是基本的，無法互相尊重，那不好意思，我不缺這種朋友和員工，再見不用聯絡。

◇工作態度差，是職場大地雷

有一位擔任中階主管的粉絲問我，他的組來了一位外語能力很好的新人，因為自己的外語能力不太好，希望好好栽培這位新人，利用新人的專長協助部門工作。但他漸漸發現，新人越來越自傲，甚至有時會取笑他的語文能力，該怎麼辦？

有的人可能會覺得自己應該趕快加強語言能力，才不會被下屬看輕。如果是我，我會告訴新人：「如果我的語文能力很好，那我就不需要你了，所以請你用你的語言專長來協助我完成工作，這是你存在我部門的最大價值喔！」

回歸事情的本質，一切都非常簡單。你缺乏，於是你需要他，才這麼重用他、栽培他，所以你有什麼好自卑的？他又有什麼自傲的？直接告訴他，他存在的意義，打醒他吧！

我也發現，很多主管不知道該怎麼處理「工作態度很差」的下屬。

如果是我，會找他聊聊：「嘿！你好像很不開心？怎麼了嗎？」聽聽看他怎麼說，然後告訴他什麼是「良好的工作態度」，並且告訴他：「你並不用取悅我，但是希望你在工作時不要用這種態度，你私底下想怎麼樣我管不著，但你在上班時不應該這樣，因為已經影響到團隊的運作了。」

通常有些人會在這時候說出一些苦衷，你就可以評估看看，能否給他一些建議，甚至提供一些私人資源幫他解決。如果真的能幫到他，他以後大概就是你的人了。

如果他還是死性不改，總是要對主管、同事擺臉色，卡住工作的進行，那就真的沒救了，我可能就會直說：「出來上班不用這麼不開心，如果這麼不愉快，不考慮離職嗎？或者公司資遣你吧，你也去自己想去的地方，大家都開心一點？」就不用多費唇舌了，因為他實在不夠成熟，搞不清楚出來上班是幹嘛的。

團隊裡有這種人，不僅浪費公司的薪水，還會樹立不好的文化，讓真正優秀的人想要離開。這個溝通與淘汰的過程，就是最基本的選人、用人。身為主管，千萬不要「不敢淘汰不對的人」，辜負了公司給你主管的職稱和薪水，當上主管就該做正確的事，否則公司升你就沒意義了！

有一點要強調一下，做為主管，私心必須擺在後面，用人的標準應該在於他好不好用、能不能為公司提供穩定的貢獻，而不是你自己喜歡不喜歡。不好用的員工，你再喜歡也沒意義，好用的員工，就算你不喜歡也沒關係，大家又不是來交朋友的，你在組織的是一個好辦事的團隊，不是你的個人喜好朋友圈。

職場辣雞湯／

公司不該像個家庭，而該像個球隊，擺第一的是目標！選擇做正確的事，別管他人喜歡不喜歡！

25 夾心主管好難當？對上對下要有不同的邏輯

什麼叫夾心主管？就是中階主管，對上有老闆，或者大主管，對下又有很多基層，他夾在中間，就像夾心餅乾一樣，所以被叫夾心主管，也有人稱為三明治主管，意思都是一樣的。

我曾經收到一個夾心主管的問題，狀況大概是這樣：

基層員工告訴他：人力好吃緊，每天都在加班好苦，公司到底為什麼不趕快補人？抱怨連連，覺得公司很爛！真的累到很想離職！

而自己身為夾心主管的困境：現在人力吃緊，實在很怕工作進度會開天窗，只好求基層多多加班，把工作完成。但看到大家一直哀嚎，也很怕他們會離職，怎麼辦？於是同時趕緊提供老闆履歷，請他趕快面試聘人，老闆問說現在狀況如何？他便報告老闆，目前安排加班後還過得去。於是老闆就說他要再多看看，想要挑比較好的人，不想隨便用人。

聽完這位夾心主管的報告，我推測老闆很可能是這樣：不清楚基層的狀況，主管雖然有跟我說缺人，但他也說安排加班後應該過得去。既然還過得去，就不用那麼急著補人，多看一些履歷才能挑到好人才。

大家有發現問題出在哪裡嗎？其實問題不在老闆，而是夾在中間的主管。對下，他請求基層員工努力加班，大家辛苦一點，等老闆補到人就好。對上，他卻讓老闆以為靠加班還過得去，所以老闆覺得不用急著增加人力，於是造成惡性循環。

		現況	心裡想的
因為太苦而且 看不到任何調整 抱怨連連 覺得公司爛	**基層**	人力吃緊 都在加班 覺得苦	公司到底 為何不趕快補人！
下面的抱怨壓力很大 可是老闆又 不立即補人 心裡快急死！	**主管**	因為人力吃緊 怕開天窗 安排大家用加班度過 同步一直給履歷 請老闆趕快 面試＋點頭	老闆說要多看看 下面一直哀嚎 認為是我的問題 我好衰！
不知道基層狀況 主管說還可以 當然就不疾不徐、 慢慢挑人才！	**老闆**	經主管報告說雖缺人 安排加班後是還可以 於是沒有積極補人	既然還過得去 想挑好一點的人才 履歷想多看一些

這位夾心主管，自以為在幫忙公司，其實是搞死上面也搞死下面，拿石頭砸自己的腳，真正讓基層辛苦的是無能的主管，不是老闆。這樣說，你可能覺得很殘酷，但功勞跟苦勞還是要分清楚。我說的是，這件事情他有苦勞，但沒有功勞（因為沒有解決問題）。

◇無能主管累死基層，還會誤導老闆

當中階主管的最大盲點就是，對上對下好像都很努力溝通，想讓老闆覺得自己有把事情處理好，結果卻經常無法順利串接兩邊。如果哪天某個環節出了問題，就會出大包，害慘公司。很多主管都會犯這樣的錯，自以為努力協調，其實最大的問題就是自己。

這位主管覺得，他明明已經報告得很清楚了：基層缺人，請老闆補人。但他沒有告訴老闆「現在已經到達多緊急的情況」了，只告訴老闆現在靠加班還過得去，但卻沒有提醒老闆「再不補人可能會發生什麼事」，這才是重點啊！

有解方，對老闆來說就不叫做問題，他可能覺得你解決得不錯。但你要搞清楚，你到底是去「求解」，還是去「邀功」的？你把求解搞成邀功，當然就會無解！

你是去找老闆，希望老闆解決問題的，又忍不住想讓老闆覺得自己安排得很好、不會開天窗，殊不知這兩件事情互相矛盾，於是事情絕對不會解決！夾心主管，千萬不要犯這個錯呀！

你明明超想解決「缺人手」這個燙手山芋，一方面卻又讓老闆以為「我已經解決了」，但其實問題根本沒有解決，只是暫時沒爆發而已。你覺得是老闆應該解決這個問題，卻又「不告訴他應該怎麼做」，甚至誤導了他，讓他以為事情順順的。

◇最失敗的夾心主管是如何？

到底如何引導老闆解決問題呢？如果這件事情的嚴重性，會影響到老闆在乎的事情，他能不重視、不解決嗎？例如：提醒老闆，長期加班已經讓員工抱怨連連，可能會流失原本穩定的人力。

或者讓老闆知道，其實公司付了很多加班費，花這些加班費不如多請幾個新人，讓老闆覺得「不划算」也是一種說服的方法，而不是讓老闆覺得「目前都還過得去」，然後呢？能解決問題嗎？

剛剛這位夾心主管的問題，其實也是很多主管的共同狀況，每次講到關鍵性的問題，夾心主管可能就會鬼打牆：

Q：你為什麼不把真實情況告訴老闆？
A：講了也沒用啊！
↓那就是你決定不向上報告的喔！
Q：你怎麼不告訴老闆，加班時數已滿，無法再安排，工作可能會停擺？
A：怎麼可能這樣說？

↓那累死基層的是你喔！不是老闆。

Q：下屬都已經跟你說，快累死了可能會離職，你怎麼不跟老闆說？

A：這樣老闆會覺得我管理有問題啊！

↓那就是你把事情蓋起來，讓老闆不知情的喔！

所以像上述的情況，如果事情解決不了，都是主管的問題，不是老闆的問題呀！但很多中階主管，卻又只會怪老闆，根本鬼打牆！如果你也是主管，務必檢討自己有沒有這種鬼遮眼的問題，看不清自己的盲點。

失敗的主管就是：自以為在協調，卻搞得兩邊對立，讓基層怨恨公司，覺得不被在乎。而上面很可能根本不知道基層的問題，無法做出正確的決策。

出色的主管則是：能夠做好老闆和基層的橋梁，做好向上管理，同時帶人帶心，讓上下溝通順暢。上面很清楚基層的狀況，會適時調整策略，下面知道公司的方向，也願意支持和努力。

中間就是兩邊的媒介、橋梁

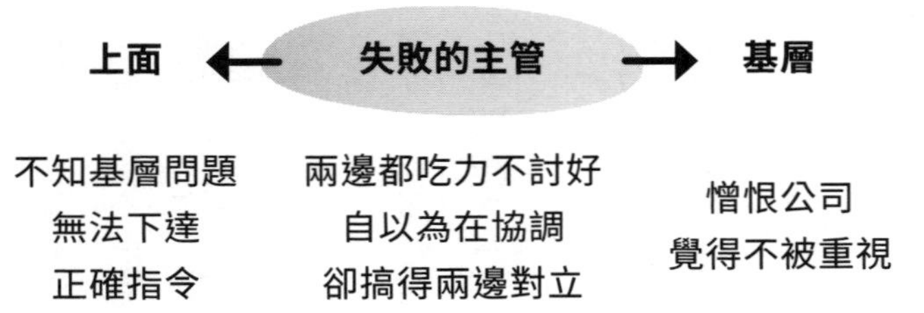
上面
失敗的主管
基層
不知基層問題
無法下達
正確指令
兩邊都吃力不討好
自以為在協調
卻搞得兩邊對立
憎恨公司
覺得不被重視

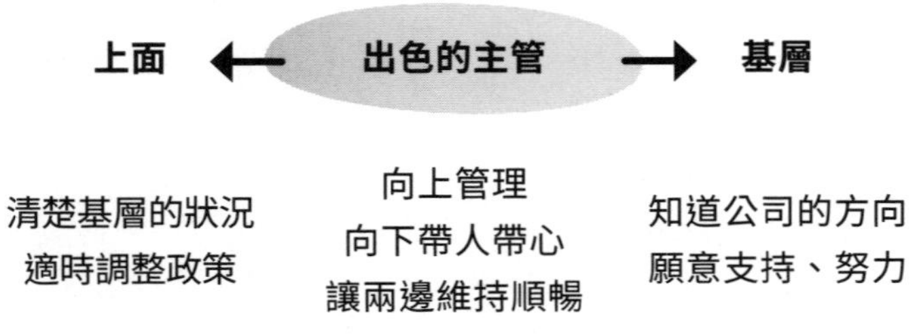
上面
出色的主管
基層
清楚基層的狀況
適時調整政策
向上管理
向下帶人帶心
讓兩邊維持順暢
知道公司的方向
願意支持、努力

◇學會向上管理之前，至少要懂得求救！

有人問：如果讓老闆知道基層目前真實的狀況，老闆會不會覺得請你來當主管，就是要你解決問題，而不是把問題丟給我？到時候自己反而黑掉了？這就要看情況囉！有些問題的確只有老闆能解決，而「成功的向上管理」就是你引導著老闆去正視問題、解決問題，而老闆還不覺得你是把問題丟給他。

否則如果你只是不斷掩蓋問題，最後扛不住，整個大爆發，還是會搞死公司、害死自己。老闆最怕的，就是這種只會掩蓋問題的主管，以及扛不起還硬扛的主管。如果你還不懂得怎麼運用向上管理，那至少你該求救的時候就要求救啊！

◇對上對下都能良好溝通的技巧

那身為夾心主管，該怎麼創造對上對下的良好溝通呢？

對上級：先講結論、講重點、數據明確、講關鍵、簡單扼要。

- 如果你對基層這樣，他很可能一頭霧水，你卻以為講得很清楚了。
- 如果你是上級，想快速了解現況，也請直接詢問下屬這些事！

對基層：先講原因、講清楚流程、講重要程度、指令明確、要求結果。

- 如果你對上級這麼囉唆，他可能聽不下去啊！
- 如果你是下屬，很希望把事情做好、徹底學透，請詢問上級這些事。

對越重要的人，越要先講結論，很多人都不懂這個道理。非得起承轉合、講清楚前因後果，忙得要死的大人物們根本沒耐心聽，他只會不耐煩，因為他的腦袋可能轉得比你快很多，你起個頭，他已經三倍速想到很後面了，所以建議快轉，直接報告結論，否則你可能很容易被打斷。

對上級報告的最佳方式是：報告結論、稍加簡略說明、等待發問。如果對方沒發問，你也不用多說了。他想知道什麼，會自己提問。有些人習慣報告太多細

如果你是上級
想快速了解事情
請詢問下屬
這些事

對上級	對基層
先講**結論**	先講原因
講**重點**	講清楚**流程**
數據明確	講**重要程度**
講**關鍵**	**指令**明確
簡單扼要	要求**結果**

如果你是下屬
很希望把事做好
請詢問上級
這些事

如果你對基層這樣
很可能他一頭霧水
你卻以為講得很清楚了

如果你對上級這樣
他可能聽不下去
因為他想得比你快

節，老闆反而要花更多時間，搞清楚你想表達什麼？他又不是你的助理！記得一定要「破題」，不要囉囉唆唆！解釋一大堆細節，是對還不太懂的下屬的溝通方式，絕對不是對比你懂、想得比你快的上級。

最後提醒：身為主管，一定要記住「好事往下傳，要解決的事往上傳」。這樣才能讓基層感到幸福，又讓老闆能夠解決問題，成為良性的循環。很多主管都做著相反的事情，壞事一直往下傳，造成基層怨恨公司，對上又報喜不報憂，造成老闆不知民間疾苦，其實都是中間的你造成的，這樣一定會成為失敗的主管，不可不慎啊！

職場辣雞湯／

該求救就要求救，尤其是你解決不了的事情！
夾心主管想證明自己沒有問題，往往才是最大的問題！

26 當員工提離職，你能大方祝福嗎？

員工離職的原因有很多，除了不適合這個工作，想轉換跑道以外，還可能是以下各種原因：

- 真正想做的工作，一直拿不到手
- 被調部門，或調整工作內容後不適應
- 對薪水待遇不滿意，或沒有拿到期待的年終
- 跟同事、主管相處不融洽
- 婚後準備懷孕，或已經懷孕了想先休息
- 爸媽要他去考公職比較穩定（三十歲以前很容易這樣）
- 要出國去打工度假或追求夢想

一個人要離職的可能原因太多了，甚至也有人因為跟男友吵架就想離職，也有人是男友創業了、開店了，打算一起加入而離職，原因實在太多太多了。甚至很多時候，員工離職前跟你說的原因，也經常只是場面話，而不是真的，實在不用太在意，每個人都有自己人生的選擇。

◇老闆與管理者的心態要成熟

前面的篇章寫過，很多人處理不好離職，其實很多老闆、主管面對員工離職，也處理不好自己的心情。有些老闆會覺得辛苦栽培員工，好不容易教會了他，卻又要離開，覺得栽培一個人的心力時間全都浪費了，所以很難控制好自己的怒氣。

這時候，心態成熟和不成熟的老闆，在心情上與態度上，會有天壤之別。

離職是員工的個人選擇，更是他的權益和自由。你本來就無法控制人家的人生，一個人憑什麼限制另一個人的選擇呢？只要有按照法律提前預告，到底為什麼不能離職呢？每個人都有自己認為最好的選擇，員工離職不代表否定了你個人的一切與公司的一切，有時候就是「不適合」罷了，不要這麼玻璃心啦！

我舉個例子，通常大公司福利很好、但規矩很多，有些人覺得這樣很沒有自由，所以想去比較小的中型企業，會有更多發揮的空間。有些人則覺得大公司的管理制度比較完善，中小企業有些規矩會不清不楚、改來改去，認為大公司就沒這些問題，可以規規矩矩上班就好。

每個人要的不一樣，你公司的好，可能是別人不想要的。而這個人不想要的，可能是其他人很想要的！沒有什麼對錯。就像戀愛一樣，對方的好，可能不是你想要的，未必符合你的需求。但若換另一個人，可能他們會很match！任職、離職有時候就像伴侶適應、磨合一樣，覺得不適合就分開，也很正常。

◇一個人的離開，也可能反映公司的好幾個問題

當然，離職也有可能是公司有某些問題，是你沒注意到的，離職員工不見得會在離開前跟你說。例如也許某個部門有工作分配不公平的問題，或者主管的管理不當問題。

如果某個部門的離職率過高，肯定反映出了一些什麼，提醒老闆、大主管要去注意的。例如，曾有一個部門有幾位老鳥非常穩定，但每每加入新人後，幾乎都在三到六個月內會離職，明明工作上看起來都做得順順的。

後來一一詢問已經離職的前員工們，才發現原來小主管在管理他們時，經常有言語攻擊的狀況，明明是想要教導他們工作上的技能，卻經常變得好像是在嫌棄、霸凌他們，讓他們很受傷，也很沮喪。於是忍到一個程度，就會默默離職，可是他們卻也沒有在離職前告訴人事部，只覺得反正離開就好。

我要建議大家，這類事情，身為基層員工的你根本不該容忍。還在任職期間，就應該去跟人事部反映了！也許你會擔心，講了到時候會不會自己有事？或者被欺負得更嚴重？反正大不了就離職呀！也不要忍辱負重，更不要讓後面的新人，還要再重複一次自己的痛苦。

面對職場霸凌或人身攻擊，甚至是職場性騷擾？勇敢去檢舉吧！千萬不要自己覺得，公司高層是不是都知道？有時候公司大了，高層真的管不到那麼多細節，管理權力層層下放，真的沒有辦法關心到每一位基層，請為自己勇敢一次吧！很多事情，總是需要吹哨者的。

如果這個公司，選擇不處理事情，還要掩蓋、還要你忍，那就不用猶豫了，這樣的公司不值得你待！

◇領導者的反思與經驗值

員工為什麼離職，以及離職後產生什麼樣的問題，這些都可以讓管理者學到更多。你可以從裡面看到一些問題，進而改善公司制度和企業文化。有時候離職，才能看出一個人真正的能力和人格，也考驗你作為老闆看人、用人的能力，你其實可以從這個過程學到很多東西，未來「識人」的能力就會越來越好。

例如年輕的我，曾經很重用一位員工，覺得她很盡力，平常工作的配合度也很高，很肯定她在公司的付出。但她離職後，才發現她的業務根本不用那麼忙，下一個人接手後，只花了一半的時間，其實很多事情處理上根本是她能力不足、把事情弄得太複雜，而花費許多不必要的時間。

這件事讓我開始檢討自己，為什麼我都沒有發現她的「能力不足」，而只看到她「很辛苦、很努力」？太過注意一個人的苦勞，而沒有發現她的問題，我因此而反思了一些事情，這也是身為一個領導者要學習的經驗值。

如果一個員工離職，就造成公司很大的困擾，例如這件事就沒人做了，事情就停擺了，那你應該檢討，為什麼你會讓整間公司只有「一個人」會這項工作？這是你自己製造的風險，是你讓這樣的事發生的，不能怪員工要離職造成麻煩。以公司營運而言，如果你只有能力栽培「一個人」，其實也是你自己的問題。

要當老闆、主管這樣的領導者角色，自己的心靈就要強大一點，這都只是基本的條件，不要連一點人事變動都承受不了。

員工也是，不需要因為遇到一個你提離職就翻臉的老闆，就覺得全世界的老闆都是這個死樣子，從此變成一個憤世嫉俗的人。不要這麼輕易就被一個人、一件事，改變你對世界的正能量，那不過是他們個人的問題。

◇可以遺憾，但不用強求

如果這個員工是個人才，你當然可以慰留，也應該慰留。但通常會提出離職的人，都有一定的決心了，留的機率都不是很高啦，當對方已經沒心的時候，也別再強求了。

但無論你想不想留這個人，都可以稍微關心一下他的狀況，老闆或主管這樣做，也許會讓人心裡舒服一點（雖然也有人會不知道怎麼應對），不需要一聽到離職，立刻就臭臉不開心。也許聊聊他未來想做什麼？多一點祝福，不要批評。

有人覺得祝福離職員工是很不容易的事，但我覺得這是很基本的態度。如果他離開之後發展得更好，我也替他開心。如果發展得不好，也可以申請再回來工作，就要看公司還有沒有缺了。想走是自由，想回來就要看機會。

無論員工有沒有跟你一起走到最後，他總是付出過努力了、盡到他的階段性任務了。每個人都有自由去選擇自己要走的路，不要動不動就覺得這是背叛。身為老闆，不要情緒勒索、威脅、霸凌員工，這樣的格局真的太小了。

別動不動就說什麼年輕人不懂事，那你自己又有多懂事？為了離職這麼普通的事情就不開心，也不是多有高度的老闆。如果他想去看看外面的世界，那就去看看啊。就算你已經看出轉換跑道對他沒有那麼好，也不要念他，尊重他的選擇吧！我曾經遇過自己的自律性不高、應變能力也不強的員工，為了想創業而離職，內心雖然知道他不適合，但這種時候，真的不需要多說什麼了，祝福他吧！大大方方，好聚好散，才是領導者的高度啊。

◇曾經遇過很惡意的員工？

當然，當老闆到現在，我也遇過很多不好的員工，也曾經因為員工離職弄得不開心。有些人就是不夠成熟，不懂得怎麼處理分手，也有人離職前就變成薪水小偷，更有人看似好聚好散，卻回來跟同事挖取公司機密，一點職業道德都沒有。

這世界上本來就什麼人都有，我們不需要為這樣的人改變自己，保持自己一貫的價值觀，不需要因為遇到少數糟糕的員工，就覺得每個員工一定都是這樣。我還是會做好自己的部分，只求無愧於心。

這些各式各樣的離職，都是我的經驗值，一直累積，我就越來越會看人，也對於員工來來去去越來越淡定。

有些員工離職了，我們雖然結束老闆和員工的關係，卻還是保持聯絡，開啟了「純朋友的關係」。有些員工則是離職後，過了幾年又回鍋，重新變成戰友，其實都很有趣，人和人的關係實在是很奇妙的！

職場辣雞湯／

員工沒有簽賣身契給你，沒必要為你工作一輩子！
離職不是一段關係的結束，有時候是另一段關係的開始。

27 中年危機，來自年輕時不會想的你

分享一個小故事，是綜合我身邊看到的真實案例。

有個學歷普通、資質普通、背景平凡的女生，大學畢業後想找一份坐辦公室、吹冷氣，安穩的文書工作。公司開給她三萬二的薪水，她覺得很ＯＫ，一待就是八年。這期間，公司沒什麼成長，她的工作內容很單純，需要手寫會議紀錄，再去打成電子檔、影印文件、接接電話、跑跑腿。她的薪水一直就停留在三萬五以下，沒有什麼太大的變動。

她每天做的事情都差不多，好處是可以準時下班，讓她覺得很安穩！三十三

歲時她結婚生子，該休的產假都有休，該領的津貼也都有拿到。公司小小的，人不多，很單純，老闆人也蠻好的，她想說這樣待一輩子應該也可以。

產後回到職場，有一天，公司說要引進一套協助文書處理的新系統，可以減少人力，要大家都去學習。她試用了新系統，覺得好複雜，根本不太會操作！同時間還來了一位新主管，狂盯大家的效率，以前只要悠悠哉哉把文件做完就能下班，步調舒舒服服的，現在不能再慢慢來了，覺得好痛苦！

晚上回到家，先生說電子公司大裁員，他失業了，根本晴天霹靂！一家子有車貸、房貸，還要養小孩，如果只有她的收入，肯定是不夠的呀！只希望先生趕快找到新工作，但又聽說電子製造業短期內不會好轉，先生暫時很難被聘用，恐怕要撐一陣子了。

◇面對突如其來的變動，該怎麼應對？

至於女生自己呢？她覺得自己如果離開這家公司，薪水也不會比三萬五更高了，畢竟她只會文書處理，這項工作去哪裡都是差不多的，還不如待在熟悉的地方。她覺得自己已經快三十五歲了、生完小孩了才要轉職，好像難度有點高，於是就沒有積極尋找其他機會。

後來，公司的新系統全面上線，她實在不擅長操作這玩意，老是出包，她不懂為何以前可以用Windows與用紙本簡單處理的工作，非得用新的系統處理？真的好煩啊！這時候，公司來了一位二十五歲的新助理女孩，電腦能力好強好厲害，剛進來學新系統，一下就用得又快又好，產值一下子比公司的老鳥們高好多。

一個月後，公司便請她和幾位老同事做到下個月底就好，原因是她們的工作效率跟新人比起來，實在差太多了，於是進行了一波人事整理。她跟老同事們都覺得超傻眼，畢竟大家都在公司待了十幾年，公司怎麼可以這樣？

她趁著還在職的最後一個月，尋找新工作，可是自己會的事情太單一，而且對於各種文書系統的運用不熟，看到各大公司的文書助理工作，幾乎都列著要會這個系統、要會那個軟體，她就頭大。她發現自己就算換一家公司，對於工作內容也許還是應付不來。雖然也去了幾家公司面試，而且薪水只求三萬出頭就好，面試後卻也都沒下文，也許是自己會的並沒有比二十五歲的新鮮人多？跟先生同時都失業，一下子經濟陷入困境。

她不知道世界為何改變了？她以為如果薪資只要求三萬五以下，永遠不會沒地方要啊？跟她一起被辭退的同事也遇到一樣的問題，發現找工作竟然這麼不容易，但實在又需要一份穩定的薪水，最後前同事屈服了，決定先去一份只有最低起薪兩萬三的工作，至少先有收入。她也在思考，自己是不是也應該這樣？

她沒想到，步入中年是這麼痛苦又不安穩，明明一直很安分守己，不奢望什麼，為什麼會變成這樣呢？一種前途茫茫的感覺侵襲而來。

難道，這就是所謂的中年危機嗎？

◇不斷累積，努力絕對不會虧待你

我們再來說另一個女生的故事。

出社會後，她的第一份工作從三萬起薪開始。她一步步累積經驗，不挑工作，願意學習、配合度高，遇到讓自己成長停滯的公司就跳槽，就算新公司要先降薪、從零學起，她也毫不猶豫！

就這樣過了六年，她三十歲了，藉由不斷跳槽與內部調升，薪水已經來到五萬，偶爾還有月獎金，年終也還不錯。雖然年收入比自己的同齡朋友高，但她覺得還不夠。於是她主動爭取公司裡比較困難的專案，並且努力做到最好，一年後，她的薪水到了六萬，終於稍微安心了。

接著跟男友結婚，過兩年，因為在公司的經驗豐富、應變能力高，她當上了重要部門的主管，薪水來到八萬。先生總是叫她不要太累、該準備生小孩了，產後就算不工作，先生也可以養她，但她覺得好不容易奮鬥到這個薪資跟高度，真的不想放棄。

不久後她懷孕了，休了產假、育嬰假，開始猶豫到底要不要回歸職場。好不容易獲得主管職與高薪，但她真的很想先自己帶小孩，該怎麼辦呢？

幸好前面十年工作的存款不少，暫時沒有經濟壓力，孩子在幼兒時期，這幾年自己暫時不工作也沒有關係。而且她每次跳槽都會跟前老闆維持很好的關係，每次外部專案認識的人也都會變成自己的人脈，因此她確定，即使休息個兩、三年再回職場，絕對有人要她！她知道她有「選擇權」，而這來自於過去十年的積累，一切的努力都沒有白費。

兩年半後，孩子送進幼幼班，她才安心回歸職場。恢復上班之後，她發現，好多三十出頭左右的男同事、女同事，都陷入「經濟不夠穩，不敢生小孩」、但又怕沒生小孩會有遺憾的焦慮裡。

還有很多同樣是三十五歲上下的職場媽媽，都對未來感到惶恐，即使想先離開職場帶小孩幾年，等孩子上學再回歸職場，也不敢放手去做，除了本身存款不夠以外，多半是因為自身在工作能力上、人脈上，都沒有太大的優勢，擔心離開職場後再也回不來。而她卻握有選擇權，可以決定自己什麼時候要上班，什麼時候不要。這種選擇權，無價！

◇人生最無價的是：選擇權

她回到職場後，因為老闆信任她的能力，薪水一點也沒變少。雖然公司變了很多，同事也換了一輪，但她的十年經驗游刃有餘，遇到新的事物就繼續學習，她也覺得很有趣。

後來公司規模變大，業務量變多，她還得跟著老闆出國出差，本薪、出差費與加班費、獎金，月薪經常可以領到十萬左右。但因為工作忙碌、假日陪伴孩子，除了家庭開銷外，她沒有什麼機會去花錢。她心想，有錢沒時間花、存錢一下快很多，原來是這種感覺啊！

後來懷了第二胎，存款也到達一個數字，隨著年齡接近四十，體力也稍微下降，她決定把工作步調慢下來，於是向老闆提議，不再隨行出差、也不想再擔任部門主管，想要有多一些時間陪伴孩子。

雖然調整工作內容後，十萬的薪水降到六萬，也少了加班費，但她現在最珍惜的是陪伴兩個孩子的時光，六萬的收入也很夠用了。後來接手她隨行老闆出差職位的是一位三十歲的大女孩，她彷彿看到當年充滿事業心又活躍的自己。

◇越是追求安穩的人，往往一生越不安穩

看完這兩個女生的故事，大家覺得如何呢？

中年危機為何如此折磨人？是因為很多人只看眼前、不想未來，到了三十歲才感到茫然。

年輕時不確定自己想要什麼，待在沒有進步的產業和公司，不了解自己的能力和欠缺，又不喜歡做什麼改變與進步，到了四十歲，看到了新一批進場的年輕人，取代了自己的工作，這時你被社會的現實、被經濟壓力、被無能為力的自己搞得動彈不得，充滿擔憂與焦慮，這就叫：中年危機！

人的心情真的很矛盾，二十幾歲時，覺得自己剛出社會什麼都不會，要做什麼？三十幾歲時又覺得自己不年輕了，會不會被新人取代？四十幾、五十幾歲更覺得自己老了，要被時代淘汰了，怎麼辦？這是個無法改變的輪迴嗎？

◇如何不要陷入焦慮的中年？

大家可以觀察自己身邊的中年人，越是追求安穩的人，往往一生越不安穩。

他們很可能就是在年輕時選擇「只要這樣就好」的人，因為停止進步而失去了職場競爭力。以為可以永遠待在舒適圈，可是根本沒有「永遠的舒適圈」啊！

而那些在中年時相對安穩、擁有選擇權的人，都是從年輕就覺得「不行！這樣還不夠」，而不斷優化自己的人，因為追求進步、成長，所以中年才相對可以比較安穩。看到這裡，明白了嗎？舒適圈，並不是一個永遠都會在那裡的東西，而是「你必須自己去創造的東西」啊！

能衝刺時從不逃避，能付出時從不吝嗇，當你想慢下來，甚至不想工作時，你才擁有選擇權，能夠掌控自己的人生。

所以，不要怪錯地方，不是職場放棄你，是你年輕時選擇追求安逸而耽誤了自己。

如果你已經是中年人，請一定不要放棄人生，你應該了解人生永遠都是自己要負責，從現在開始努力也不會太晚！否則你的老年會更不好過啊。

如果你是年輕人，就趁早覺醒吧！早點開始為自己努力，讓未來的你，感謝現在的自己，別讓自己變成焦慮又只會抱怨的中年人。

職場辣雞湯／

越是追求安穩的人，往往一生越不安穩。

不是職場放棄你，是你年輕時選擇追求安逸而耽誤了自己。

28 職場不是怕你老，是怕你沒有變好！

我遇過一位中年轉職的朋友，一直找不到工作。她說以前都坐辦公室，現在只能去大賣場收銀，還被比她年輕的主管嫌手腳慢。更可怕的是，她已經想到有一天，可能連這個工作都不要她，到時候該怎麼辦？於是現在每天都很心慌，無法安穩度日。

跟前一篇類似，這樣的「中年危機」似乎無所不在？

職場很現實，就是個「比較級」。一樣領三萬五，二十五歲的新鮮人比你快、比你穩、比你配合度高，公司自然會選擇更好用的那個。步入中年，我們的體力會變差、速度會變慢、學習新東西可能也比較卡，甚至還有家庭因素會影響你的配合度，很多時候真的不能跟年輕人比體力、比速度。

中年的你，如果還在跟年輕人做一樣的事、拚一樣的勁，根本沒有優勢！這時候不要抱怨自己已經幫公司付出了多久，為什麼不能體諒一下自己？而是應該反思自己為什麼年資那麼長、出了社會這麼久，現在卻輕易被新鮮人取代？這些年你到底都在幹嘛呢？

其實重點不是「年齡」，而是年齡成長了，但「能力」卻沒有跟著成長，年資增加並不一定就是扣分。而能力有很多種，經驗值、待人處事、團隊溝通、職場人脈、與高層的信任度都是，如果中年的你，上述能力沒有越來越強、也沒有以往的累積，而是和新鮮人幾乎一樣，那當然會失分。

◇到底該跟年輕人比什麼？

中年的階段，你能拿到贏面的，是新鮮人通常不會的那些事：溝通能力、識人能力、跨部門協調能力、向上管理能力、商場上的人脈、穩定的工作情緒、對公司的熟悉度、老闆和主管的信任度，還有解決各種職場問題所需要的經驗值。以上這些通常是年輕人沒有的，也是你過往的年資可以換來的價值。

職場怕的不是你「老」，而是你都沒有變「好」！

有一位粉絲曾經跟我提出一個比喻，她說如果外縣市有一家很好吃的餐廳，因為風味實在太獨特了，不可取代性太高了，吃過一次就覺得很難忘，下次你甚至會想要專程拜訪、大排長龍也想吃到。但如果有一家餐廳又難吃、服務又差、也沒什麼特色，就算開在你家樓下，你也不會想去。

現在想想，如果你也是「一家店」，你把自己營運得好不好呢？如果生意不好、賺不到錢，原因是什麼？跟你開了多久沒有關係吧？經營越久的老店，明明應該要更懂營運、更有經驗、更懂顧客的心，但如果沒有這些優勢，就該想想自己的年資到底都拿來幹嘛去了？

◇比年齡更重要的，是你的經驗值

我不在乎自己的年齡數字是多少，只在乎自己是否有更多的積累與成長。如果你很在意年齡數字，對它的增長感到惶恐，可以想想自己是不是除了「年輕」這個優勢以外什麼也沒有，才會如此害怕失去年輕？才會這麼容易被年齡綑綁？否則，如果年紀越大、能力越強、人脈越廣、薪資也越高，為什麼要害怕呢？

當你遇上中年危機，不要再埋怨被當成職場免洗筷用完就丟，如果你會的不只是免洗筷會的事，那是丟的人有眼不識泰山！你大可離開，去找懂你的價值的地方。但如果你的能力就如同免洗筷，你要別人怎麼不這樣用你呢？年輕的你要為中年的你負責啊！除非你是待在「靠年資就能拿到鐵飯碗的產業」，否則，還是早點認清這件事吧！

◇從充滿抱負，變成懶得進步？

很多剛出社會的新鮮人，進入職場的前幾年，可能也是滿懷著理想與熱情，一直衝衝衝，奮鬥個幾年，變成職場老鳥了，可能找到了一個舒適圈，覺得「這樣就好了」，然後就開始停止進步，一直停在三十歲左右時的程度。

三十歲之前可能都沒什麼感覺，到三十出頭好像也還可以，差不多三十五歲左右，你突然發現那些二十七、二十八歲左右的年輕人，從新鮮人開始，學了幾年之後，已經可以跟你做著差不多的事情。

也就是說，你都三十五歲了，卻很可能被能力跟你差不多的年輕人取代。而且年輕人往往學得比你快、做得比你準、創意還比你多，你開始感覺到「長江後浪推前浪」的威脅，或者是公司漸漸開始把你邊緣化。

中年危機就和肌膚老化一樣，往往都是已經發生了，你才會驚覺。

◇保持成長動能，不要讓自己停下來！

我並不是要大家跟別人比較，好像輸了就感到沮喪、不如人。只是提醒你，想清楚自己要什麼。不要誤判局勢，「以為這樣就夠了」，卻突然發現「我是無法這樣舒適下去的」。

如果你現在不到三十歲，千萬提醒自己保持成長的動能，不要讓自己停下來！如果你已經超過三十歲，這時候是個分水嶺，很多人會滿足於此時的現況，畢竟出社會幾年左右了，有可能已經達到一個安穩的狀態，於是就安逸下來，再也沒有進步過。

除非你的家底很夠，或者被動收入很高，不然你應該常常提醒自己，千萬不要太早就「感到安逸」。請思考一下，自己是不是停止進步很久了？自己現在做的，是二十七、八歲時的工作內容嗎？領著跟當時差不多的薪水嗎？

至於女生，我更要請妳們趁年輕時，多替自己努力！因為妳很可能要經歷生育小孩的過程，工作必須中斷一段時間，要重回職場也很辛苦，經常還要比男生負擔更多小孩的教養責任，對職場的影響，絕對是比男生還要大的。妳更要在生小孩之前，替自己贏得選擇權！

無論男生、女生，有錢，才會有自由！大家都要謹記這一點。

◇願意努力的人比你想的還要少，其實脫穎而出並不難！

我要偷偷說，大部分人都是追求安逸的，都是性格懶惰的，都是得過且過的，都是過得去就不會想要追求卓越的，這是人性。

所以願意多做努力、多注意細節的，真的很容易超越別人！因為願意努力的人，真的太少了！那些比別人優秀的人、得到更多的人，真的不是他們先天有多厲害，而是他們願意努力、願意改變、不願放棄，其實就是比別人多了那麼一點點堅持而已，往往就會拉出很大的差距。

◇不要被年齡綁架，努力永遠不嫌太晚！

每次看到被年齡迷思綁架的人，我都會舉自己的例子：我三十二歲提出離婚，被對方報復而離開公司，失去了過去十年奮鬥的所有財產，我帶著才三歲多的女兒，淨身出戶。當時的我不就是一個中年失業的單親媽媽？如果按照大家的迷思，我從此一蹶不振、落魄潦倒、放棄自我也是合理的囉？

我的確沮喪了兩年，覺得為什麼自己會遇到這種事？只是想要離婚、離開不對的人，為什麼卻得失去自己努力的財產？但是事情已發生了，我得去面對它。我花了兩年，才願意面對這個令人難以接受的事實。

為什麼終於願意面對了？因為我覺得自己的人生不該如此，不該停留在這個句點，成為一個失敗的人，這不是我想要的下場。於是三十四歲再次創業，即便一切都得從零開始。

三年後我三十七歲，新的品牌營收破億了，三十八歲被挖角兼任集團CEO，此時大家又認為我重回人生勝利組了。其實，勝利不勝利不是重點，而是我沒有放棄自己！

我想以我的人生故事告訴大家，你的性別、年齡都不是問題，重點在於你的能力和努力，什麼時候開始改變都不嫌太晚！怕的是你對自己沒有信心！怕的是你永遠不開始！

職場辣雞湯／

先沒得選，最後才會有得選，有錢才會有自由！

我永遠都會感謝過去的我，沒有放棄自己！

29 成長是一輩子的事，和你幾歲無關

我認為一個人會有所成長，能夠不斷提升自己，有三大關鍵：人生經歷、反思能力、想要變好的決心。

一、人生經歷：如果你都不去經歷、不去體驗，永遠都在做一樣的事情、待在一樣的世界，怎麼樣也不會進步。這也是我經常不斷提到的：經驗值、實戰經驗。

二、反思能力：經歷多了，雖然會擁有很多的經驗，相對的也會擁有很多的挫折或犯錯的機會。其實每一次的挫折與犯錯，都是寶貴的經驗，但如果你沒有反思的能力，很容易就算經歷了錯誤，卻沒有學到東西。

三、想要變好的決心：決心是很重要的，有些人受到小小的不順利、一點點的打擊，就變得沮喪，再也提不起勁。不然就是變得憤世嫉俗，開始擺爛。如果你的意志力這麼薄弱，這麼快就自我放棄，你憑什麼比別人得到更多？

◇套用到職場上，替自己變現

在職場上如何運用這三大關鍵，讓自己提升高度、格局，並成為實際上的收入？

一、職場上的人生經歷：你不一定要一直換產業、換公司，但一定要多多體驗不同的事情。就算你只擅長同樣的事情，你也要能夠體驗各種不同的做法，不要每天都在交作業，請把「增加經驗」視為非常重要的事情！

二、職場上的反思能力：做對了可以學到東西，做錯了一樣有東西可以學，就看你會不會思考，會不會舉一反三。如果都犯錯了，一定要學到些什麼，這個

一個人會有所成長、
提升境界的三大關鍵：

人生經歷

如果你都不去經歷
都在做一樣的事情
你怎麼樣也不會進步

反思能力

經歷多了，就會有很多的經驗
也會有很多的挫折
如果沒有反思的能力
那你還是什麼也沒學到

想要變好的決心

決心是很重要的
有些人受到挫折
就開始擺爛了

你意志力這麼薄弱
是要怎麼變好？憑什麼？

職場上如何讓自己提升境界
（收入至少翻個兩倍）

職場上的人生經歷

不一定要一直換公司
但你要多體驗不同的事情
或者同樣的事情不同做法
不要每天都在交作業

職場上的反思能力

做對了可以學到東西
做錯了一樣有東西可以學
你會不會思考
甚至舉一反三
還是以為都一樣？

職場上想要變好的決心

受挫時、被念時
你的情緒是怎樣的？
開始抱怨、開始擺爛
還是決心把一切弄懂搞懂
讓自己成為不一樣的人？

錯誤才有價值！我永遠都是這樣想的。

三、職場上想要變好的決心：受挫時、被主管念時，你會有什麼情緒？開始抱怨、沮喪，還是賭氣、擺爛？還是下定決心把一切搞懂，讓自己成為不一樣的人？

這些「想法上的差異」，也就是「思維」，才是決定我們成長的關鍵！

◇工作狂也會改變，找到自在的步調

有人曾問過我，是不是個事業心很強的工作狂？永遠都把發條上到最緊，追求最高效率？每天這樣的工作強度，不會讓自己太緊繃嗎？

我告訴她，我一點都不緊繃呀！以為我每天把發條上到最緊、每天忙到逼死自己，真的是很大的誤解呢！雖然偶爾也需要加班，偶爾也真的會有點累，但我並不是每天都過著這樣的生活。

工作強度雖高，但二十年來的磨練，這樣的強度已經是正常的狀況，習以為常了。職場上的各種問題，其實就是發生、面對、處理、解決，也許我的工作效率很高，看起來快狠準！但我的心很平靜。

平日晚上，我還是有時間追劇、泡澡、好好保養、點香氛蠟燭、經營社群、創作文章，並不會一整天都無法放鬆。而這些就是以前年輕的我，無法做到的事。現在的我可以平靜的面對各種職場狀況，並且保持冷靜與自在的態度。

年輕時的我，一旦想努力就會變成工作狂，一旦想認真就會變得很嚴肅，看到有人犯錯就會直接責備，想解決問題就會眉頭深鎖。看到這裡，你是不是也這樣呢？沒有關係的，也許是因為你跟我一樣認真工作、在乎工作。

◇職涯是幾十年的累積，不要追求速成

現在的我，一樣很有事業心、一樣很努力工作，但是我已不再是個工作狂。認真的時候，會邊打字邊喝咖啡、邊開會邊吃外送。有人犯錯時，我會幽默的舉個例子跟他說，讓他明白這是什麼邏輯、可以怎麼改善。做公司的重大決策時，就冷靜的分析各種數據、權衡利弊，然後做出決定。

如果一時無法決定，就多聽聽核心團隊的意見，多給自己一點時間，凡事不用操之過急。

那種淡然，並不是不在乎；那種幽默，也不是無所謂。就是換個態度面對人生、換個方式解決問題而已。只要是能解決問題的方式，都是好方式！不用太拘泥於「一定要怎樣」，當然更不需要過度逼迫別人也逼迫自己。

這樣的態度，除了前面提到的三個成長關鍵：經歷＋反思＋決心，再加上超

過二十年的職場經歷，才能夠得到。你可以想像，你還是你，但是你切換了一種新的工作模式，可以認真但也可以從容，不再是把油門催到底了，而且心情更放鬆以外，效率甚至還更高，人際關係更好呢！

如果你還很年輕，缺乏經歷各種事物的經驗，事情發生的時候，你根本沒有辦法讓自己平靜下來，出現各種害怕、緊張、惶恐、冒冷汗、自責、懊惱、暴怒等等強烈的情緒反應，都是正常的。

直到有一天，發生同樣的事情，甚至是更嚴重的事情時，你發現你不怕了，因為習慣了、看多了，也知道自己有足夠的能力去應對、去解決了，冷靜下來處理事情就好了。這個時候，就表示你長大了，變得更成熟了。

我沒辦法幫你努力，也無法幫你累積你的職涯經歷，因為時間，是一個很大的力量，難以取代的強大力量。你真的得自己走過這一遭，才有機會切換成更好的工作模式。

讓時間與經歷，慢慢累積你的能力，你完全不需要追求速成，慢慢來就好了。

享受這個成長與轉變的過程吧！

職場辣雞湯／

工作狂模式也可以，從容模式也可以，都是人生經歷。
人生很長，你會成長與改變，永遠不要只追求速成！

30 人生是自己的，你有活成自己想要的樣子嗎？

很多人總會問我：葳老闆，為什麼妳總是很有動力、很有熱情，難道都沒有很累、不想努力的時候嗎？要怎麼讓自己保持進步的決心，不會發懶呢？

我也會累呀！我也會有不想努力的時候呀！我當然不可能是永遠都處於衝刺狀態的。所以週末假日的休息非常重要，做自己喜歡的事情，替自己充電，找回自己的能量，上班時又有動力可以貢獻產值了。

我經常看到身邊的好多各界頂尖人才，年收破千萬、破億的那種，都是又會工作又會玩的！很會結合工作與生活，又會賺錢、又幽默、又會享受人生，他們都是底蘊超級豐富的人。

這其實就是一種「能量轉換」的正循環，我們都應該試著幫助自己，產生這種正向循環。

◇怎麼產生工作與生活的正循環？

千萬不要只看到別人「很會賺錢」，或者別人「很會玩、很會享受」，也許你可以注意一下，他們是怎麼轉換工作與生活、賺錢與享受這兩者之間的能量？

我自己是這樣做的：從生活上的滿足所得到的能量，我會內化、吸收後，反饋到我的工作上去，變成我工作上的創意、靈感、動力甚至是作品。這樣所產出的工作成果，可能會變成我的成就感、我的自我價值感，以及我的收入。

這樣的報酬、這樣的能量、這樣的自我價值感，再釋放到生活上，讓我可以提高自己的生活品質，以及開拓眼界和格局，最後讓工作與生活之間成為一個正循環，不斷的轉換。

看到這裡會覺得講得很模糊嗎？（笑）

那我白話翻譯一下：我在享受私人生活時，例如出國旅遊、享受美食、看電影、追劇、看書、逛街買東西、看展覽、逛美術館、交各種朋友，這一切所得到的靈感與動力，我會用來創作，或將它變成工作上的產出。這些產出就會變成我的成就感、我的作品、我的收入，有了愉快的心情與這些收入，我會再拿去營造更好的生活，再得到更多的美好與動力。

於是我的生活與工作，就變成一個很好的正向循環了！其實這一點都不難，你也開始試試看吧！

◇該怎麼對付負能量，不受它控制？

有人又問：那麼，如果我從生活中得到的是負能量，是否也會形成一個負循環？上班的時候超級厭世，下了班也沒有動力去做什麼可以恢復動力的事，那這樣的負循環又該如何打破？

我的回答是：對的，負能量也會一直循環！職場上確實很多人都陷入這樣的負能量裡，提不起勁、做事敷衍、感到厭世，下班或放假也沒有什麼心思再去做點什麼，沒有恢復能量，每週一要上班又覺得好痛苦呀，日復一日這樣下去。

為了不讓自己變成這樣，我會建議，如果你因為任何事情得到了負能量，或產生了負能量，請千萬不要讓它累積下去！請用各種方式去傾瀉、消化、解除掉它，不讓它繼續循環！

可以怎麼做？我療癒自己、恢復能量的方式有以下：

一、去戶外走走，接觸陽光！感受大自然的遼闊，有時候糾結的事情瞬間就開了。

二、週末看一本好書，貼上喜歡的標籤，吸收別人的認知。

三、跟同頻的朋友在一起，開開心心的療癒彼此。

四、藉由按摩、泡澡放鬆緊繃的身體，一邊聽喜歡的音樂，一邊好好保養。

五、大肆享受美食，垃圾食物也沒關係，也許不健康，但那是給我的心靈吃的！

六、看電影、追劇，沉浸於劇情裡，暫時離開現實。

七、去逛街買東西！看到自己辛苦的錢錢，變成喜歡的東西，覺得自己有能力對自己好，是一件很棒的事。但注意消費的額度要在可以承受的範圍裡喔！

八、在家躺平，吃飽睡、睡飽吃，盡情耍廢！讓自己覺得有好好休息到！

以上都是我覺得，對恢復能量很有幫助的辦法！你一定也有療癒自己的方式，去找到它們吧！

◇療癒自己，如果還有餘力，可以療癒他人

很多人都告訴我，葳老闆的職場書、YouTube的會員影片，對自己的幫助很大，無論是思維格局的開拓、對人生態度的轉變，真的徹底改變了對職場、對上班的認知，而且還具體化為薪水的成長、老闆主管的賞識！很慶幸自己活在「有葳老闆的時代」。

每次看到這樣的留言，我都非常替粉絲感到開心！看到有人因為「我的分享」、「我的存在」，而獲得成長、把人生過得更好，是我做這些事最大的動力，也是對我最大的肯定。

這更是中年的我，得到成就感、得到自我價值的很大來源，也就是：我能對社會有所貢獻。

也許你覺得，這也太理想化了吧？真的會有人真心這樣想嗎？

其實，當一個人已經過了求生存的階段、滿足自己生活的階段，就會進入另一個階段：想要對世界、對社會有所貢獻。我的兩次創業都走過了這三個階段，體會了兩次，所以深刻有感。我也很感恩，自己可以不只是處於求生存的階段，每次都還有餘力，可以到達另一個高度，成為能提供正能量給他人的人。

與你們身處在同個時代，同時存在於地球上，這樣的相遇我覺得很浪漫。

我這個靈魂，總算是沒白來這個世界一趟啊！

◇什麼才是成功？我們到底在追求什麼？

不過，我們的人生到底在追求什麼？我們在職場上那麼努力，除了薪資報酬，我們到底是要得到些什麼？不知道你是否曾思考過這個問題？

政大企業管理研究所的教授與學生們，到葳老闆的公司進行參訪時，有學生問我：葳老闆身為一個成功女性，覺得怎麼樣才算成功呢？

當時我嘆了一口氣說：雖然很感恩可以從「被覺得離婚很失敗」，到現在很多人說我是「成功女性的代表」，但其實，我有點厭倦「成功女性」的標籤。

這時候，很多人露出疑惑的表情，被認為是「成功女性」、「人生勝利組」，難道有什麼不好嗎？

我說，例如很多人會誤以為，我應該是很要求完美的人、非常自律的人、做事一板一眼的人，也就是大部分人所認知的「菁英份子」？但我的桌子跟化妝包根本亂得要死啊！

這時候很多人笑出來，開始理解我大概想說什麼。

不只是桌子、抽屜、化妝包很亂，經常找不到東西，我還連自己住家跟辦公室的樓層，都記不住！老是在住家按辦公室的樓層，在辦公室按住家的樓層，總是被困在電梯裡，才發現我又搞錯了！（笑）

然後，我也因為常常搬家、搬辦公室，無論住了幾年，車子到底停在地下幾樓，我也老是記不住！到底是B３還是B４啊？其實我經常都很像個生活白痴，需要被我的助理拯救！

◇哪有什麼完美？不過都是刻板印象！

很多人以為我很自律、保持完美身材，一定很注重養生或飲食吧？但我超愛垃圾食物跟麻辣鍋，所以這幾年身材漸漸從ＸＳ變成Ｍ號，胖了十公斤以上，但比起以前工作狂、經常忘了吃飯所以過瘦、營養不良、老是生病的我，現在的我，雖然身材不復當年了，但真的比以前健康很多！所以，胖一點沒關係啦！放過自己吧！

也因為自己體型的改變，看著我已經塞不進去的XS衣服，我更了解了各種體型的需求，把「衣服應該適合各種體型」、「無論自己是怎樣的尺寸都可以很漂亮」、「不要只是追求瘦」、「不要被體重綁架」的理念，放到我第二次創業的品牌上，希望解除女生對於「一定要瘦才是漂亮」的迷思。

除了身材並不完美，我也會耍廢、我也會沮喪，我也會犯錯、也會不想上班，我跟大家一樣，沒有那麼完美或高不可攀。我根本不完美呀！而且，我也不覺得世界上有什麼完美的人，如果有，那肯定是刻板印象跟人們自己的幻想或誤解吧？就如同很多人以為我一定很完美一樣。

◇你不需要完美，更不需要被成功綁架

為什麼厭倦「成功女性」這個標籤？因為這會讓年輕男女，誤以為「要像葳老闆一樣當女強人，凡事都很完美，才是好的、正確的」。我不希望很多人誤以

為「成功只有一種範本」、「成功就是要像誰一樣」。

我想告訴你們，人生根本不需要完美，也沒有什麼正確與否，更沒有什麼標準可言！成為心中的自己，就是最大的成功，千萬不要被「成功」這個詞給綁架了！只有那是不是「你想要的人生」，那是不是「你想要的自己」。

人生一路上，我也總是會在各個時期陷入迷惘，但最後我發現，我都會選擇為我自己而活。例如：

一、不聽爸媽的話去考公職而是創業，不到二十五歲資產破億，不到三十歲成為台灣百大經理人。

二、不再忍受情緒管理有問題的伴侶，而是選擇離婚，主動開除自己愛不下去的人，讓自己有重新選擇的機會。

三、失去事業與財產後陷入低潮，不再怨天尤人而是站起來重新創業，為自己的人生奮鬥。

以上都是我人生重要的關卡，而我也一次次選擇突破。

希望你們看到的，不是我「表面上的成功」、「符合社會主流價值觀的成功」，而是看到每一個時期的我，都是「為自己而活」、「努力成為自己想要的樣子」，即使我要付出很大的代價，即使我要承擔選擇後的風險，我總是站在自己那邊。

所謂的成功，應該由你自己來定義！你該做的是：永遠不要辜負自己！

無論你幾歲，希望你們也去追尋自己想要的成功！

職場辣雞湯／

哪裡有什麼完美？不過都只是誤解！
我不是人生勝利組，我不過是成為了我自己！

新商業周刊叢書BW0854

職場不是自助餐，哪能只挑你要的？

「葳老闆」周品均的30道職場辣雞湯

作　　者／周品均
責任編輯／黃鈺雯
文字整理／黃詩茹
封面造型／林靖怡
封面攝影／六年八班工作室
版　　權／吳亭儀、江欣瑜、顏慧儀、游晨瑋
行銷業務／周佑潔、林秀津、林詩富、吳藝佳、吳淑華

總 編 輯／陳美靜
總 經 理／彭之琬
事業群總經理／黃淑貞
發 行 人／何飛鵬
法律顧問／元禾法律事務所　王子文律師
出　　版／商周出版　115台北市南港區昆陽街16號4樓
電話：(02)2500-7008　傳真：(02)2500-7579
E-mail：bwp.service@cite.com.tw
發　　行／英屬蓋曼群島商家庭傳媒股份有限公司　城邦分公司
115台北市南港區昆陽街16號8樓
電話：(02)2500-0888　傳真：(02)2500-1938
讀者服務專線：0800-020-299　24小時傳真服務：(02)2517-0999
讀者服務信箱：service@readingclub.com.tw
劃撥帳號：19833503
戶名：英屬蓋曼群島商家庭傳媒股份有限公司城邦分公司
香港發行所／城邦(香港)出版集團有限公司
香港九龍土瓜灣土瓜灣道86號順聯工業大廈6樓A室
電話：(852)2508-6231　傳真：(852)2578-9337
E-mail：hkcite@biznetvigator.com
馬新發行所／城邦(馬新)出版集團
Cite (M) Sdn Bhd
41, Jalan Radin Anum, Bandar Baru Sri Petaling, 57000 Kuala Lumpur, Malaysia.
電話：(603)9056-3833　傳真：(603)9057-6622　E-mail：services@cite.my

國家圖書館出版品預行編目(CIP)數據

職場不是自助餐，哪能只挑你要的？「葳老闆」周品均的30道職場辣雞湯/周品均著. -- 初版. -- 臺北市：商周出版：英屬蓋曼群島商家庭傳媒股份有限公司城邦分公司發行, 2024.11
面；　公分. --(新商業周刊叢書；BW0854-)

ISBN 978-626-390-249-7(平裝)

1..CST: 職場成功法

494.35　　113011783

封面完稿製作／張巖　內文設計暨排版／無私設計・洪偉傑　印　刷／鴻霖印刷傳媒股份有限公司
經　銷　商／聯合發行股份有限公司　電話：(02)2917-8022　傳真：(02) 2911-0053
地址：新北市231新店區寶橋路235巷6弄6號2樓

ISBN／978-626-390-249-7(紙本)　978-626-390-247-3(EPUB)　
定價／450元(紙本)　315元(EPUB)

2024年11月初版
2024年11月25日初版11刷

城邦讀書花園
www.cite.com.tw